ドラゴンドリル

DRAGON WORKBOOK

全科のまき

こくご・さんすう・せいかつ

おおむかし，
ちきゅうには　つよい　ちからを　もった
ドラゴンたちが　いきて　いた。
しかし　あるとき，ドラゴンたちは
ばらばらに　され，ふういんされて　しまった…。
ドラゴンドリルは，
ドラゴンを　ふたたび　よみがえらせる　ための
アイテムで　ある。

ここには，５ひきの　ドラゴンの
たたかう　すがたが
ふういんされて　いるぞ。

ぼくの　なかまを
ふっかつ　させて！
ドラゴンマスターに
なるのは　キミだ！

なかまドラゴン
ドラコ

もくじ

かえんりゅうぞく

おおぞらを　まう　ほのおの　ドラゴン

サイバーン

タイプ：ほのお・かぜ

えに　シールを　はって、
ドラゴンを　ふっかつさせよう！

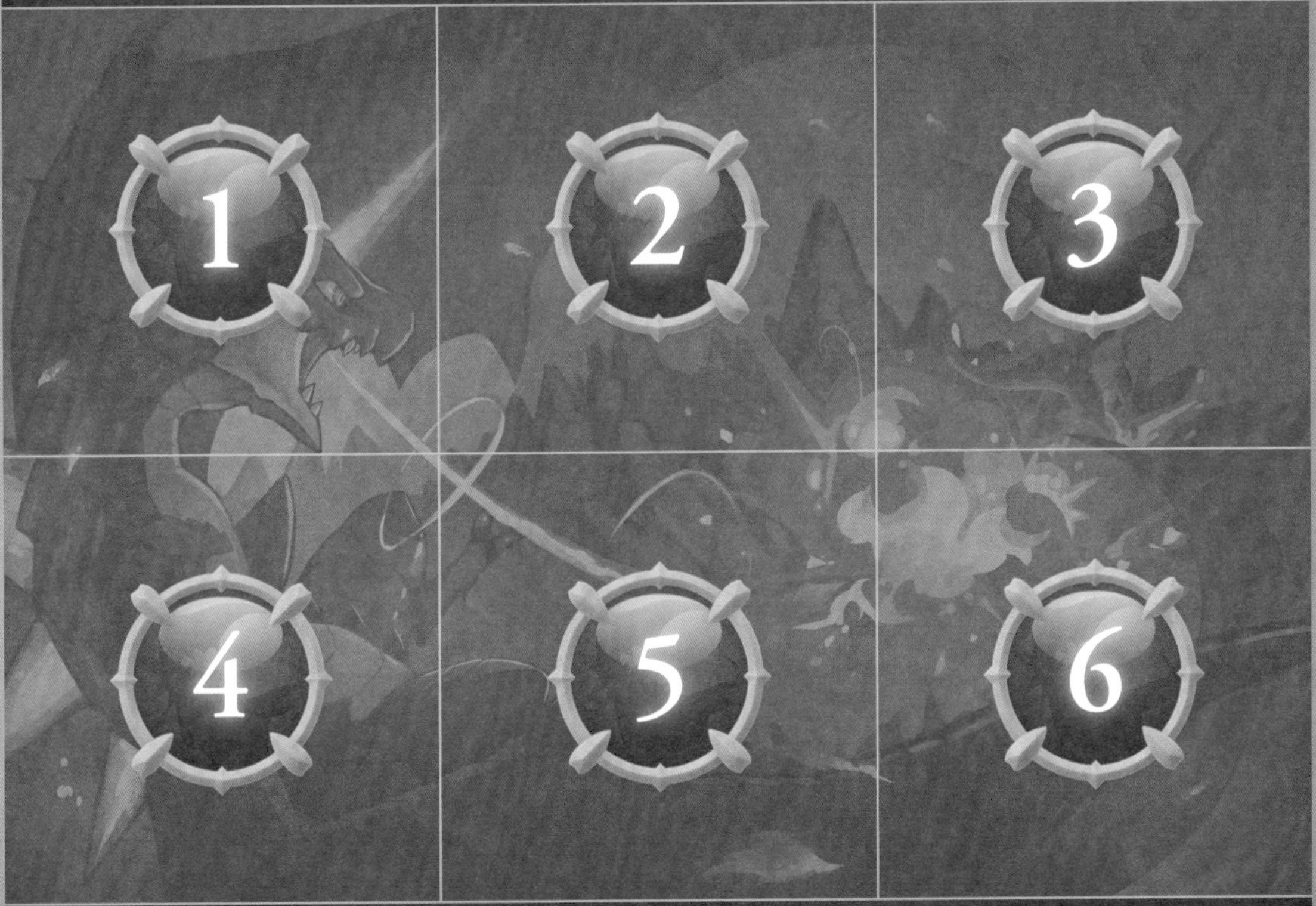

たいりょく

こうげき

ぼうぎょ

すばやさ

ひっさつわざ　ファイアブレス

そらから　すばやく
ちかづいて　くちから
ほのおを　はく。

ドラゴンずかん

なまえ	サイバーン
タイプ	ほのお・かぜ
ながさ	6 メートル
おもさ	400 キログラム
すんでいるところ	たかい　やま

おおきな　つばさで　そらを　とびながら　たたかう。くちから　はく　ほのおは，てつを　とかす　ほどの　いりょくを　もつ。たたかう　ときは，せなかの　とげが　あかく　ひかる。

かえん
りゅう
ぞく

きゅうきょくしんかした　かえんドラゴン

グレンオウ

タイプ：ほのお

えに　シールを　はって、
ドラゴンを　ふっかつさせよう！

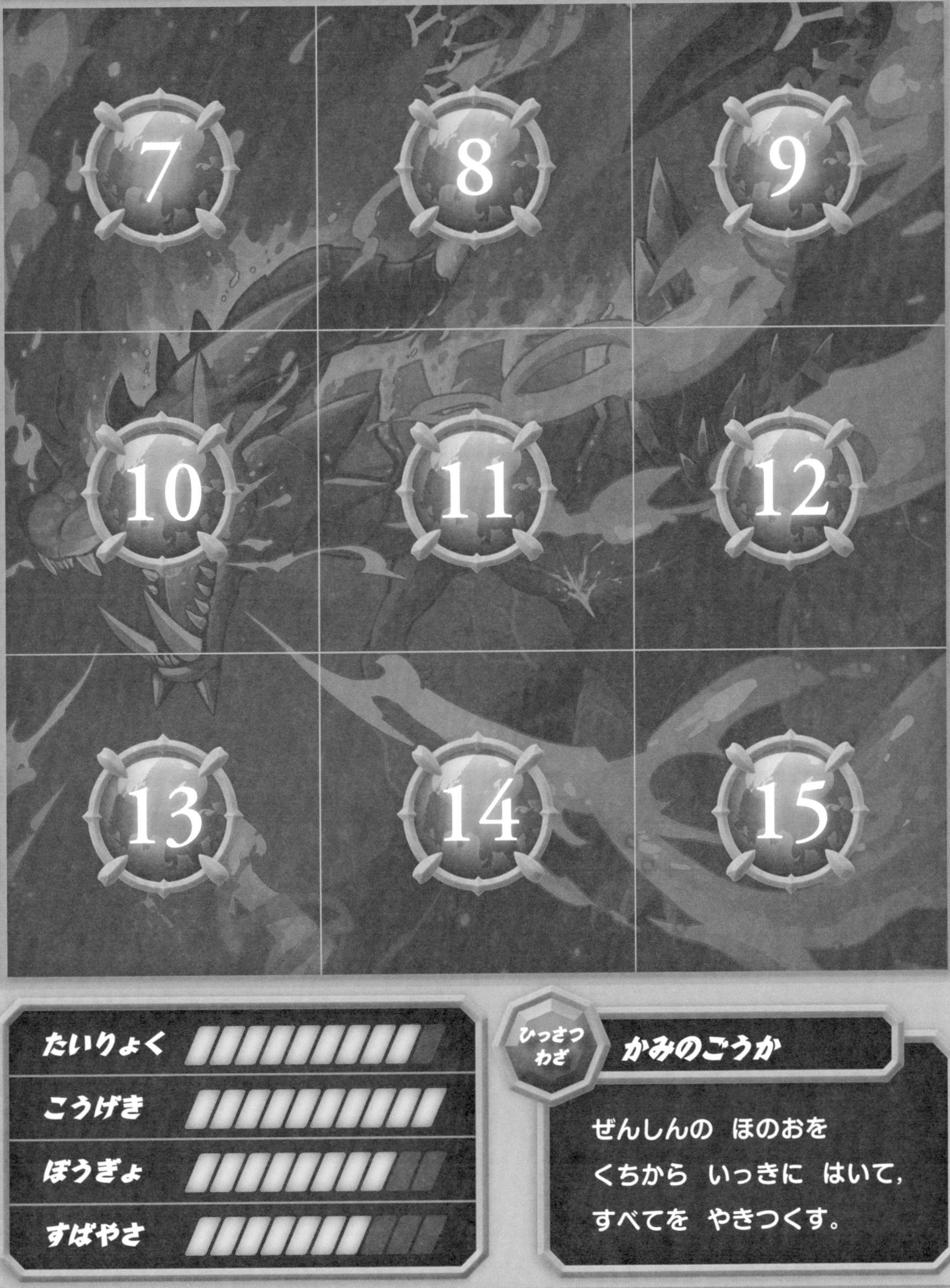

たいりょく

こうげき

ぼうぎょ

すばやさ

ひっさつ
わざ

かみのごうか

ぜんしんの　ほのおを
くちから　いっきに　はいて，
すべてを　やきつくす。

ドラゴンずかん

なまえ	グレンオウ
タイプ	ほのお
ながさ	45 メートル
おもさ	65 トン
すんでいる ところ	かざん

ほのおで　すべてを　やきつくす，かえんりゅうぞくのおう。はいた　ほのおは，やまを　まるごと　もやしてしまう。たたかいを　このむ　せいかく。おおきな　つばさで　そらを　とぶ　ことも　できる。

むし
りゅう
ぞく

かたい　よろいと　きらめく　やいば

カブトタチ

えに　シールを　はって、
ドラゴンを　ふっかつさせよう！

タイプ：でんき・じめん

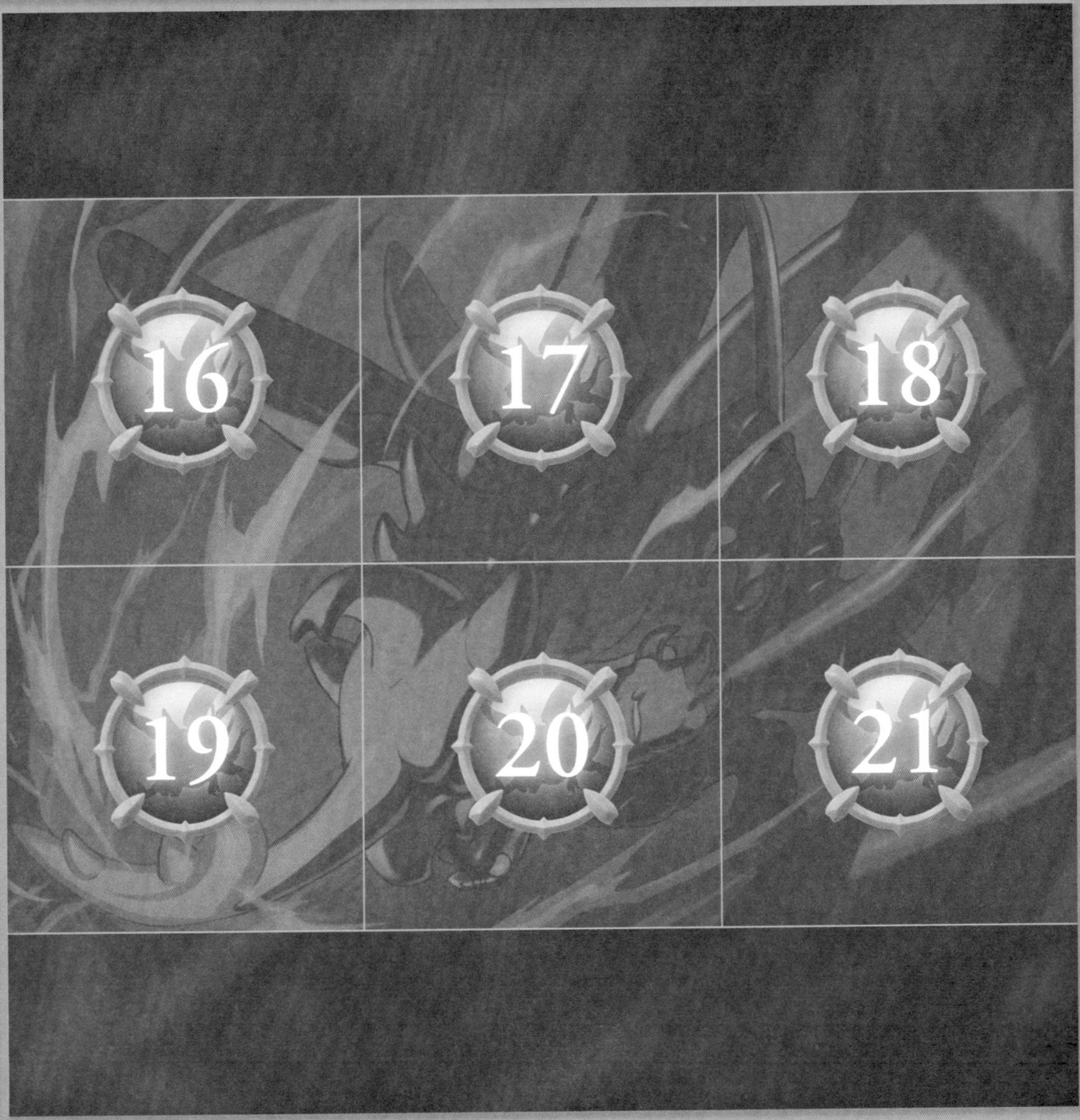

たいりょく

こうげき

ぼうぎょ

すばやさ

ひっさつ
わざ

ボルトホーン

あたまの　1《いっ》本《ぽん》づので
てきを　つきさし、
でんきを　ながしこむ。

ドラゴンずかん

なまえ	カブトタチ
タイプ	でんき・じめん
ながさ	6 メートル
おもさ	400 キログラム
すんでいるところ	森《もり》

でんきを　おびた　おおきな　つのと，うでの　やいばで　てきを　たおす。すばやい　うごきで　てきを　ほんろうする。どんなに　おおきな　あいてでも　ひるまずに　たちむかう。

かいりゅうぞく

うつくしき　こおりの　しゅごしん

フロステール

タイプ：みず

えに　シールを　はって、
ドラゴンを　ふっかつさせよう！

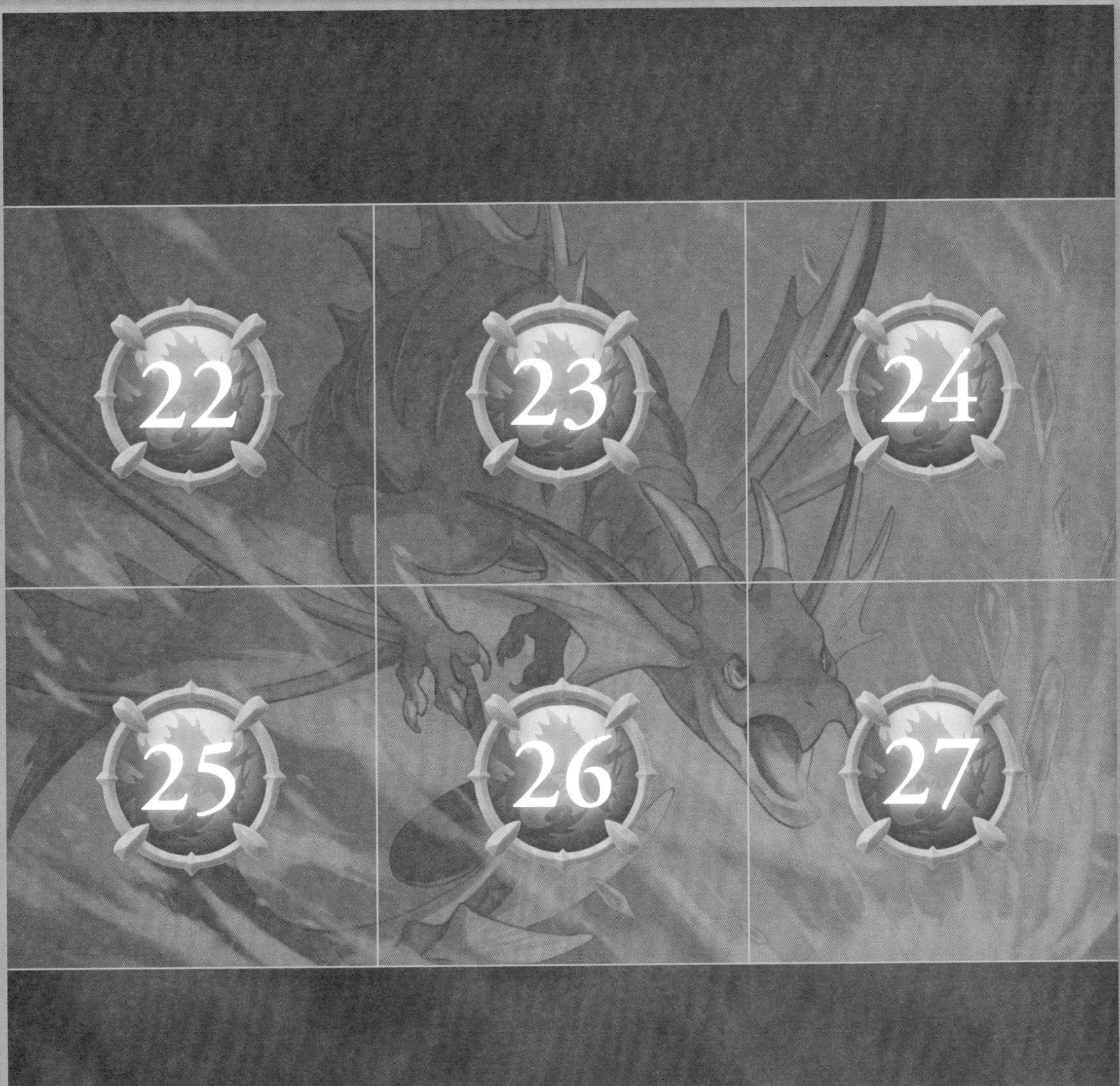

たいりょく

こうげき

ぼうぎょ

すばやさ

ひっさつわざ

コールドブレス

ぜったいれいどの　いきを、くちから　はいて　てきを　こおらせる。

ドラゴンずかん

なまえ	フロステール
タイプ	みず
ながさ	5 メートル
おもさ	300 キログラム
すんでいるところ	さむい　うみ

こおりの　ブレスで　ゆうがに　うつくしく　こうげきする。あたまが　よく，けっして　ゆだんしない。にんげんと　きょうりょくして　たたかう　ことも　ある。

かいりゅうぞく

しんかいに　すむ　うみの　かみ

カイシン

タイプ：みず・でんき

えに　シールを　はって、
ドラゴンを　ふっかつさせよう！

たいりょく

こうげき

ぼうぎょ

すばやさ

ひっさつわざ

わだつみのいかり

つのから　かみなりを
はなち、まわりの　すべての
ものを　かんでんさせる。

ドラゴンずかん

なまえ	カイシン
タイプ	みず・でんき
ながさ	70 メートル
おもさ	80 トン
すんでいるところ	しんかい

あらしを　ひきおこす　うみの　かみ。ふだんは　ふかい　うみの　そこに　いて，めったに　たたかわない。つのから　はなつ　かみなりからは，ぜったいに　にげられない。

1

10までの　かず，なんばんめ

月　　日

こたえ 85ページ

1　の　かずを　すうじで　かきましょう。

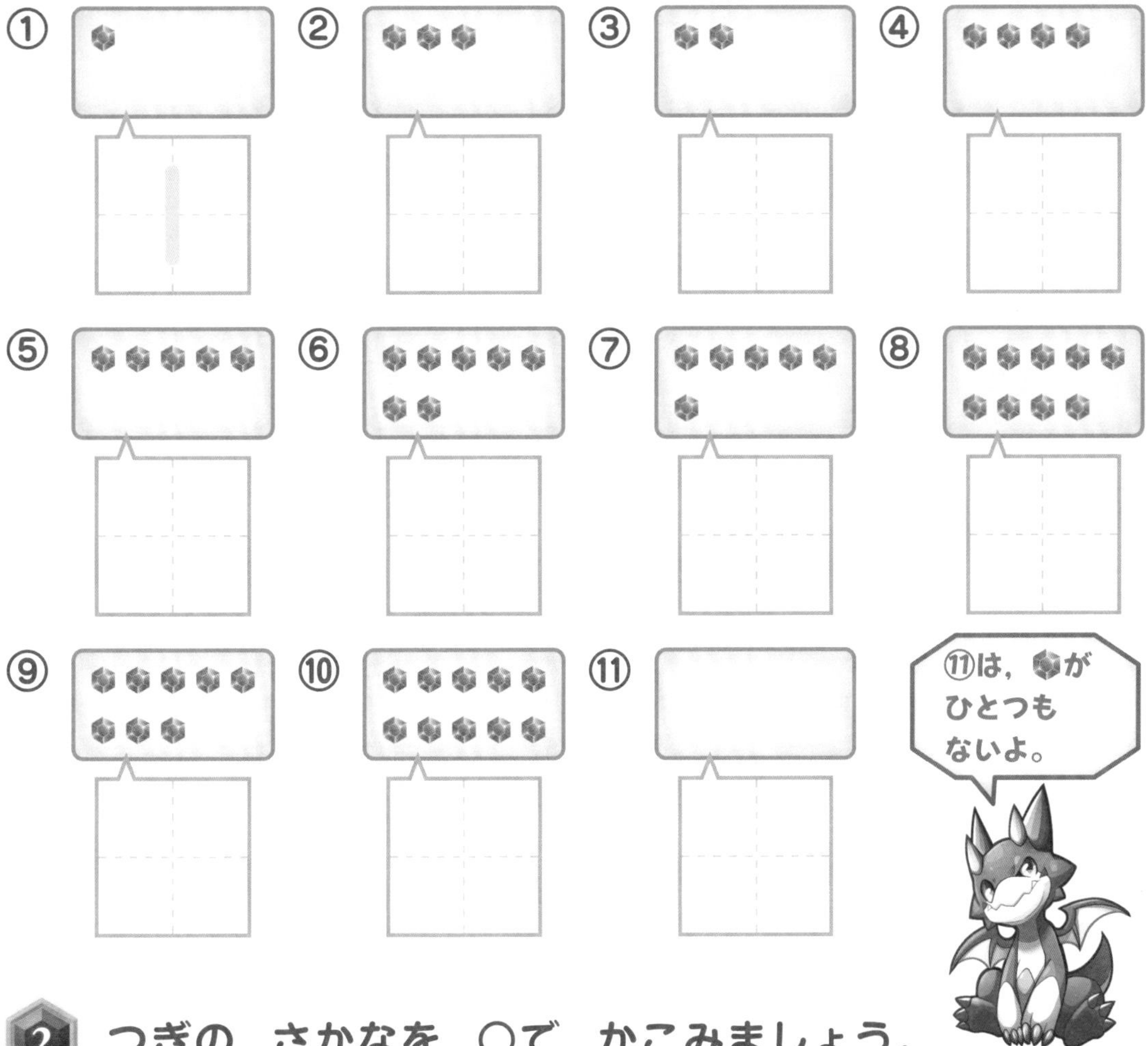

2　つぎの　さかなを　○で　かこみましょう。

① まえから　3びき

② まえから　3びきめ

3 かずを　すうじで　かきましょう。

①

②
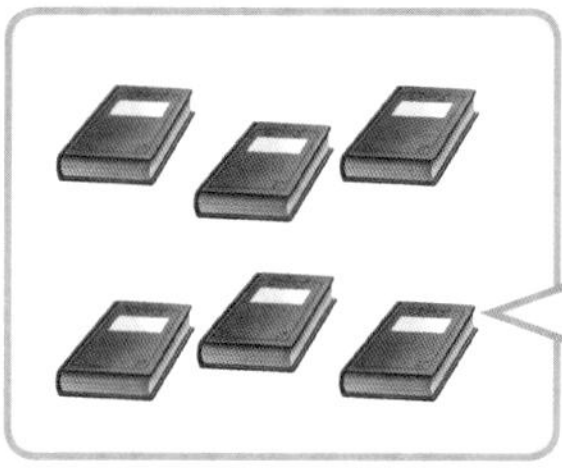

③
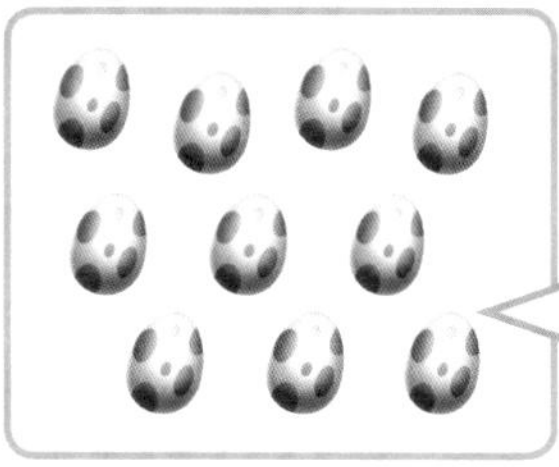

④

4 大《おお》きい　ほうを　○で　かこみましょう。

① 4 ・ 6

② 9 ・ 7

5 下《した》の　えを　見《み》て　こたえましょう。

左《ひだり》  右《みぎ》

①  は，左から　なんばんめですか。

□ばんめ

② 右から　7ばんめを　○で　かこみましょう。

ドラゴンの ひみつ

サイバーン《さいばあん》は，ほのおを　まとった
つめで　おそいかかる　わざを　もつ。

こたえあわせを
したら ①の
シールを　はろう！

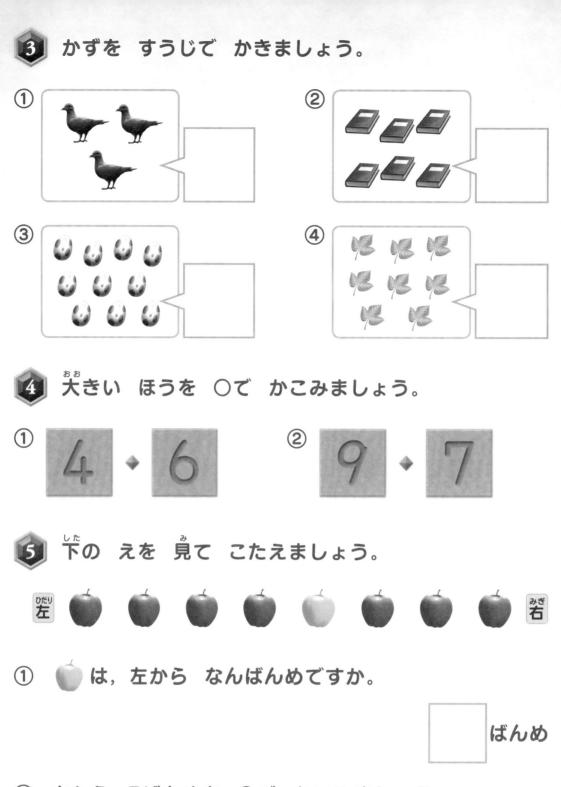

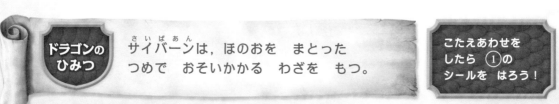

2 いくつと いくつ

月　日

こたえ 85ページ

1 2まいの カード《かあど》で 6，7，9，10を つくります。
□に あう かずを かきましょう。

① 6

あ 1 と 5　　い 2 と □
う 3 と □　　え 4 と □

② 7

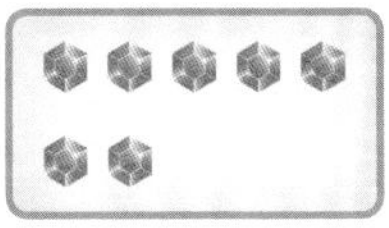

あ 1 と □　　い 2 と □
う 3 と □　　え 4 と □

③ 9

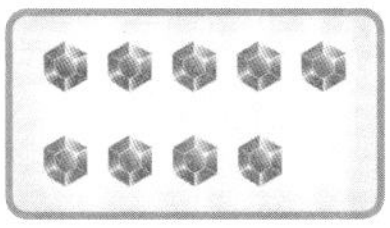

あ 1 と □　　い 2 と □
う 3 と □　　え 5 と □

④ 10

あ 1 と □　　い 3 と □
う 5 と □　　え 8 と □

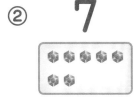

2 2まいの カード《かあど》を あわせて 8に なるように，——《せん》で つなぎましょう。

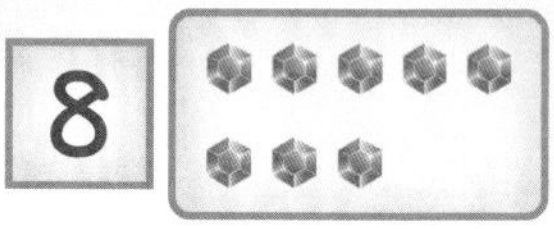

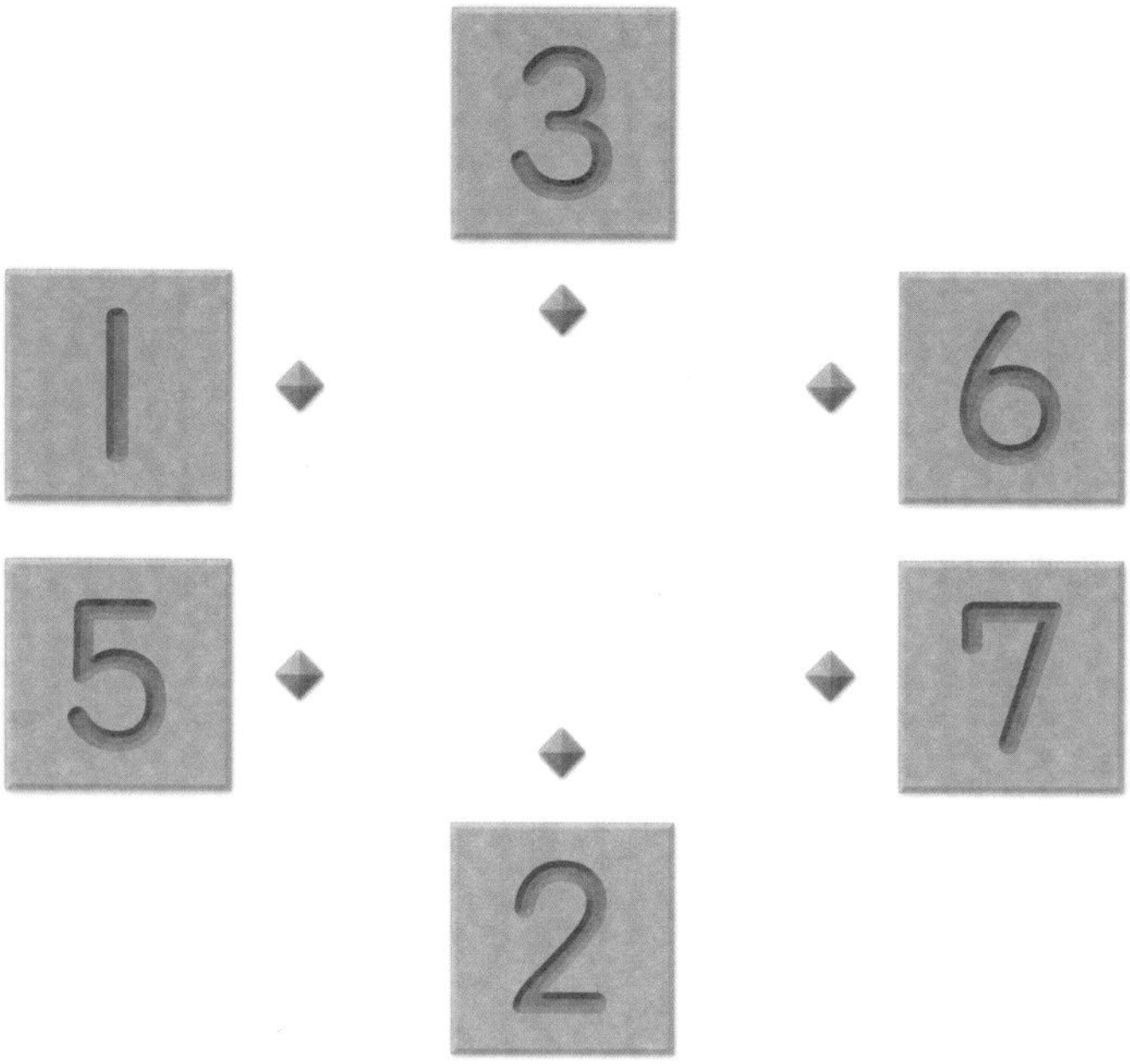

3 が 10こ あります。かくれて いる かずを □に かきましょう。

①

②

③

④

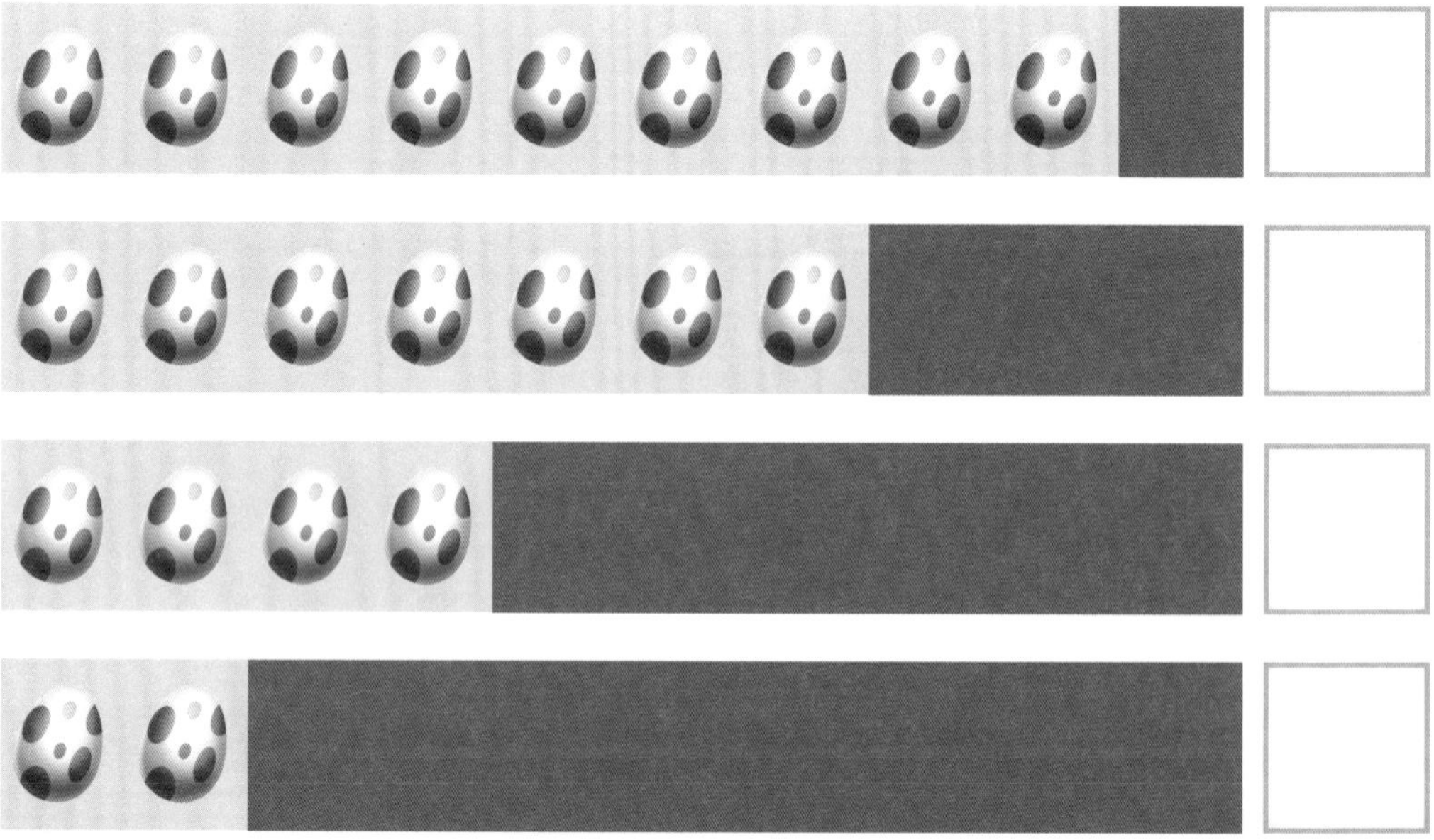

ドラゴンのひみつ

サイバーン《さいばあん》は，空中《くうちゅう》で すばやく てきの こうげきを かわす。

こたえあわせを したら ②の シールを はろう！

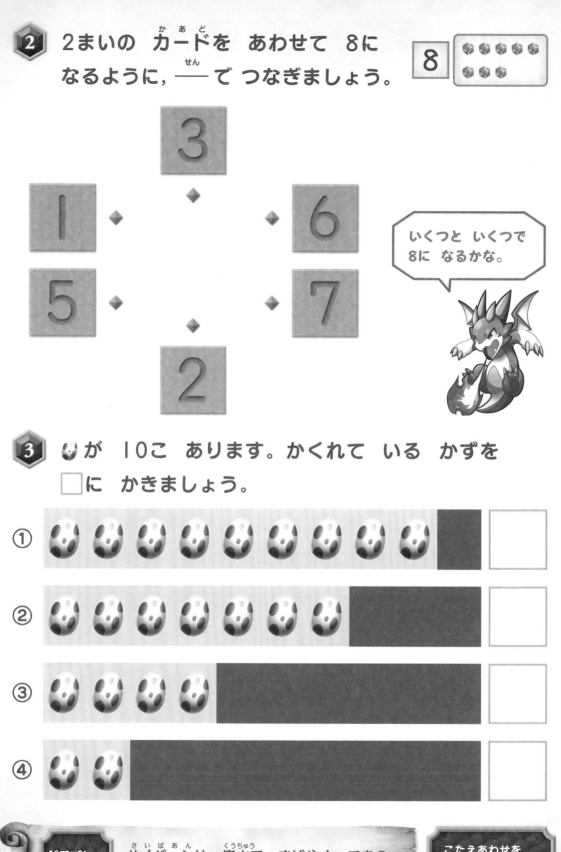

3 あわせて　いくつ，ふえると　いくつ

月　　日

こたえ 85 ページ

1 たしざんの　しきに　かきましょう。

①

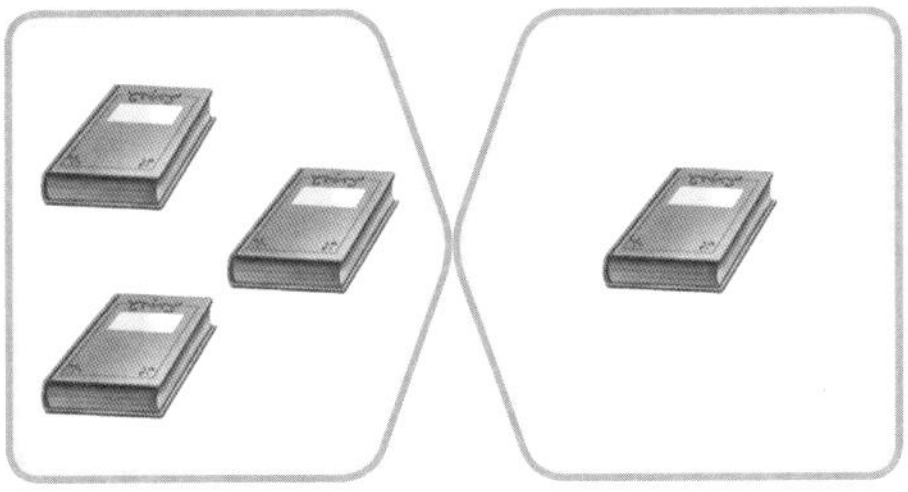

あわせて　なんさつですか。

（しき）

3 ＋ 1 ＝ □

②

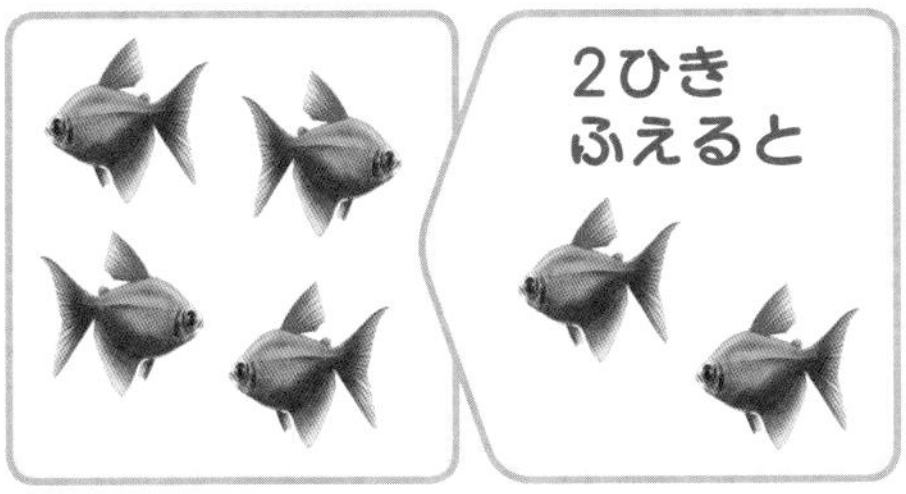

ふえると　なんびきですか。

（しき）

□ ＋ □ ＝ □

2 たしざんを　しましょう。

① 3 ＋ 2 ＝ □

② 5 ＋ 1 ＝ □

③ 1 ＋ 6 ＝ □

④ 4 ＋ 4 ＝ □

⑤ 8 ＋ 2 ＝ □

⑥ 3 ＋ 0 ＝ □

3 たしざんを　しましょう。

① 2 + 2

② 1 + 5

③ 6 + 2　　　④ 4 + 3

⑤ 5 + 4　　　⑥ 3 + 5

⑦ 7 + 3　　　⑧ 4 + 6

⑨ 0 + 7　　　⑩ 9 + 0

4 赤《あか》い　ほう石《せき》が　2こ，青《あお》い　ほう石が　3こ　あります。ほう石は，ぜんぶで　なんこ　ありますか。

（しき）

こたえ　□こ

5 けんが　5本《ほん》　あります。2本　かいました。けんは，ぜんぶで　なん本に　なりましたか。

（しき）

こたえ　□本

ドラゴンのひみつ

サイバーン《さいばあん》は，あたまの　つのを　てきに
つきさして　こうげきする。

こたえあわせを
したら　③の
シールを　はろう！

4 のこりは いくつ，ちがいは いくつ

月　日

こたえ 86ページ

1 ひきざんの しきに かきましょう。

① はじめ 3こ

→ 1こ たべると

のこりは なんこですか。

（しき）

3 − 1 = □

② と の かずの ちがいは なんまいですか。

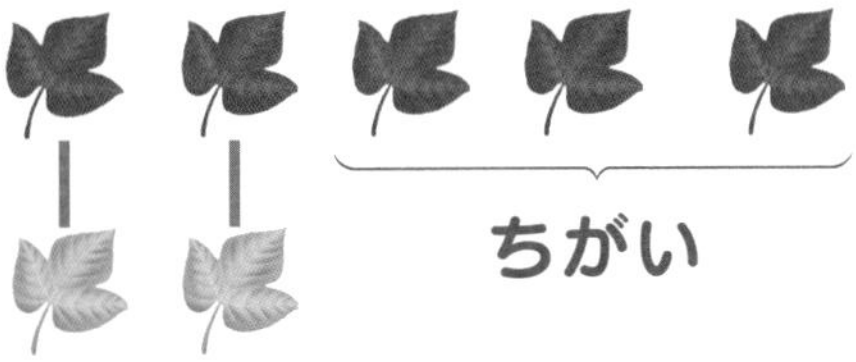

（しき）

□ − □ = □

2 ひきざんを しましょう。

① 4 − 3 = □

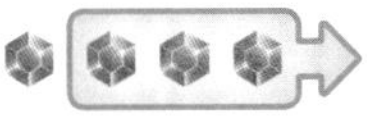

② 6 − 4 = □

③ 7 − 2 = □

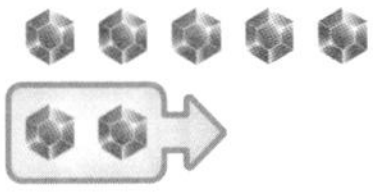

④ 10 − 7 = □

⑤ 2 − 0 = □

⑥ 5 − 5 = □

3 ひきざんを　しましょう。

① 4 － 2　　② 9 － 1

③ 6 － 3　　④ 5 － 4

⑤ 9 － 4　　⑥ 7 － 3

⑦ 8 － 6　　⑧ 10 － 2

⑨ 9 － 0

⑩ 7 － 7

4 とりが　8わ　います。5わ　とんで　いきました。
のこりは　なんわに　なりましたか。

（しき）　　　　こたえ　□わ

5 けんが　10本《ぽん》，やりが　4本　あります。
けんは，やりより　なん本　おおいですか。

（しき）　　　　こたえ　□本

ドラゴンのひみつ

サイバーン《さいばあん》は，むれで　てきを　かこみ，
いっせいに　こうげきする。

こたえあわせを
したら　④の
シールを　はろう！

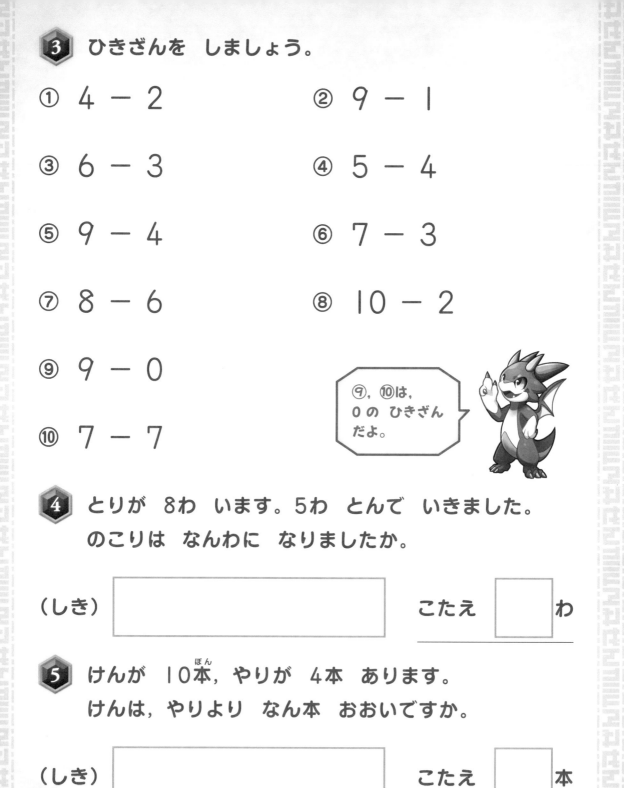

5 かずの せいり

月　日

こたえ 86 ページ

1 下《した》の やさいの かずを しらべましょう。

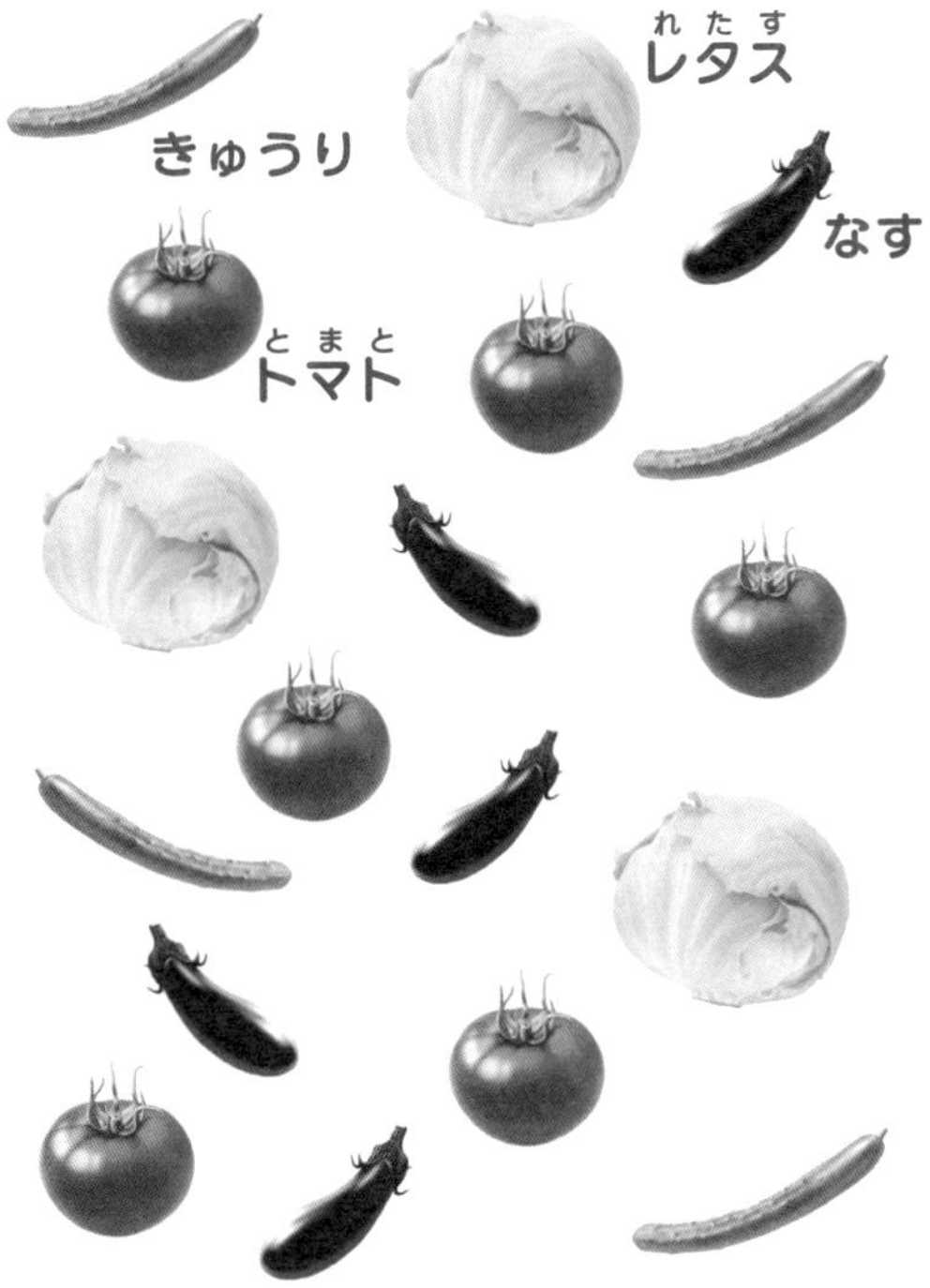

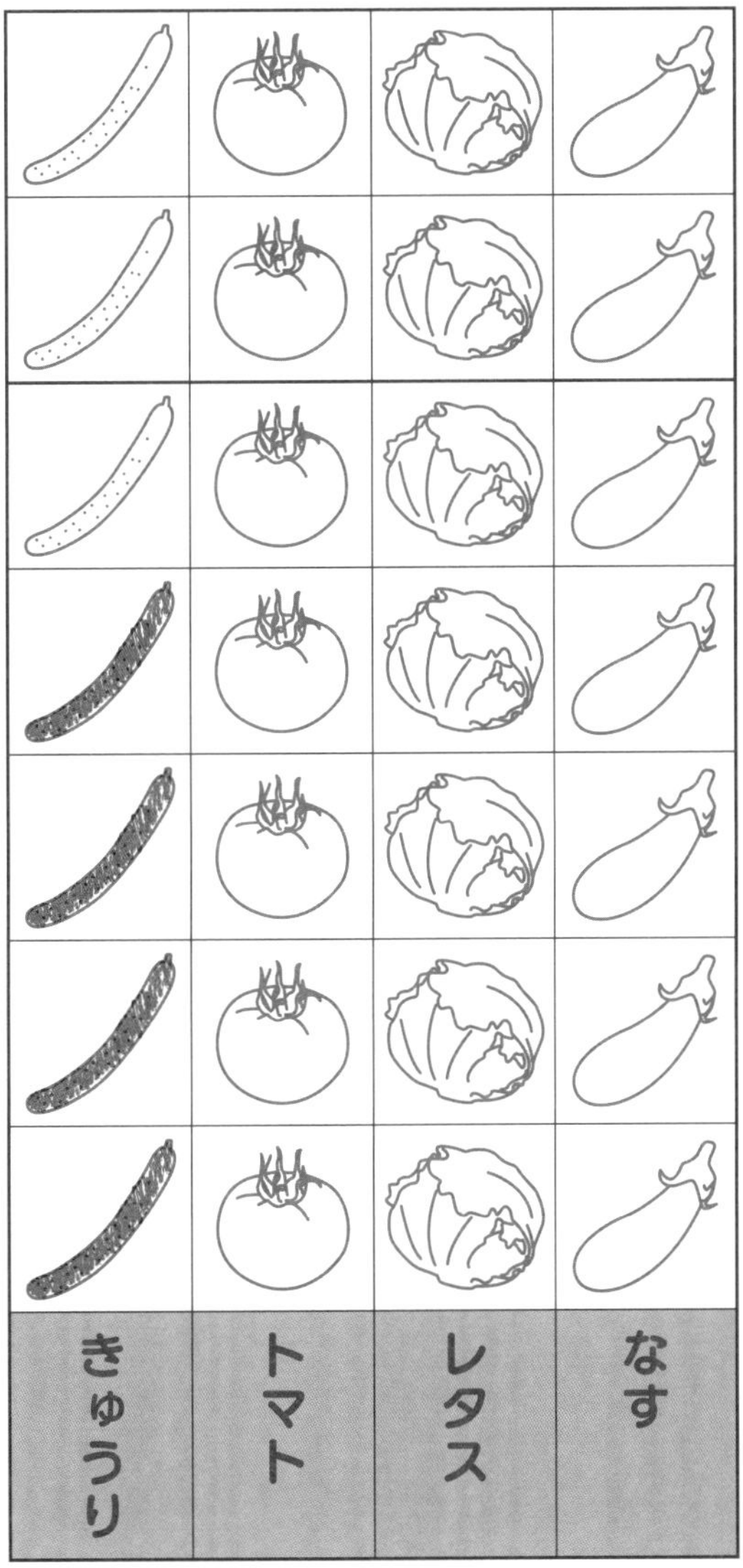

① きゅうりの かずだけ 右《みぎ》の えに いろを ぬりました。

おなじように，トマト，レタス，なすの かずだけ，下から いろを ぬりましょう。

② いちばん おおい ものは どれですか。

② くだものの　かずを　しらべて，下《した》のように　いろを　ぬりました。

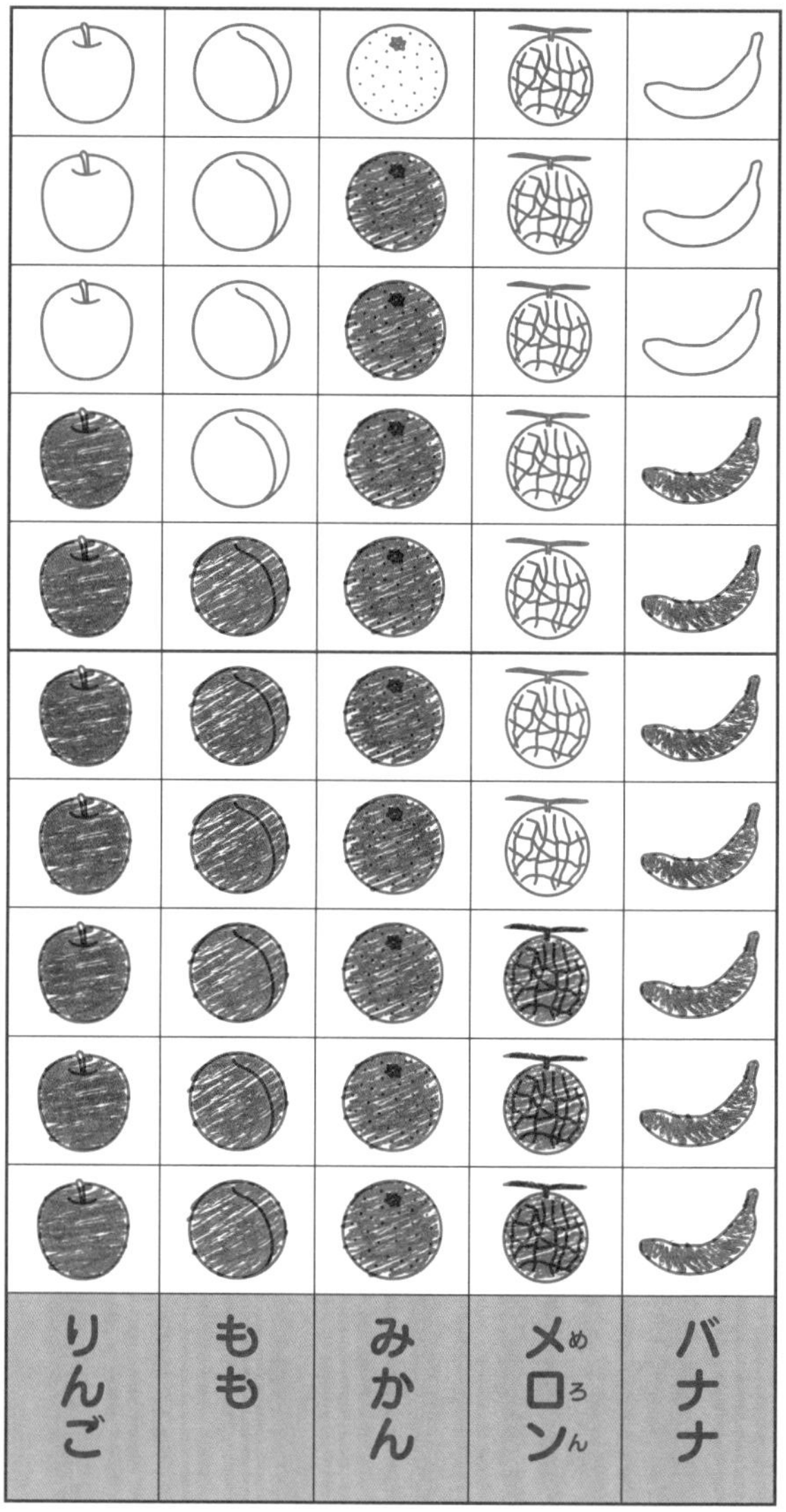

① いちばん　おおい　ものは　どれですか。

② いちばん　すくない　ものは　どれですか。

③ バナナ《ばなな》は　なん本《ぼん》　ありますか。

本

④ 6こ　ある　ものは　どれですか。

⑤ おなじ　かずの　ものは，どれと　どれですか。

と

ドラゴンの ひみつ

サイバーン《さいばあん》どうしで　なわばりを　あらそって　たたかう　ことが　ある。

こたえあわせを　したら　⑤の　シールを　はろう！

6 20までの　かず

月　　日

こたえ 86ページ

1 の　かずを　すうじで　かきましょう。

① 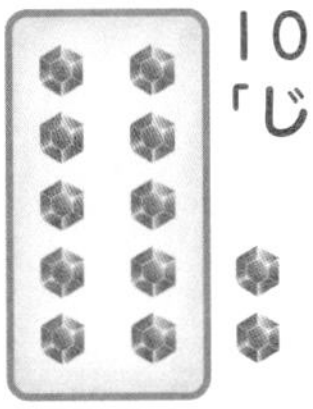
10と 2で
「じゅうに」

12

② 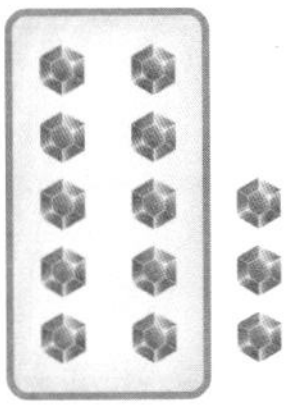

③ 

④ 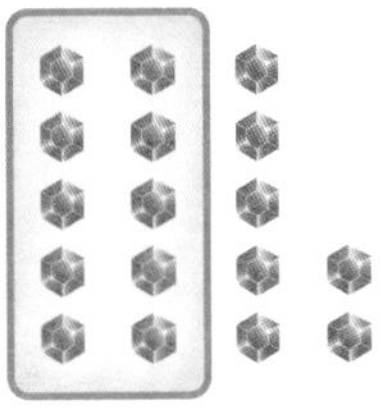

⑤ 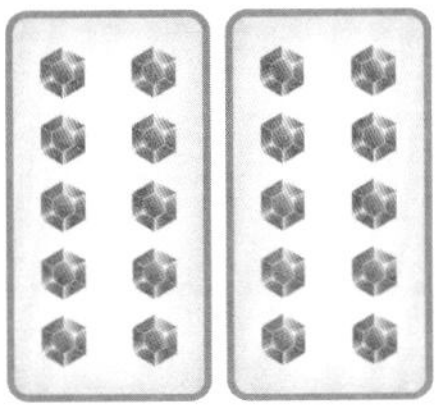

2 □に　あう　かずを　かきましょう。

① 10と　1で　□

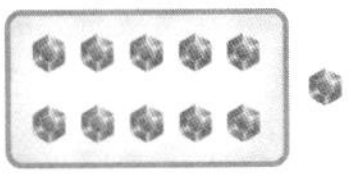

② 14は　10と　□

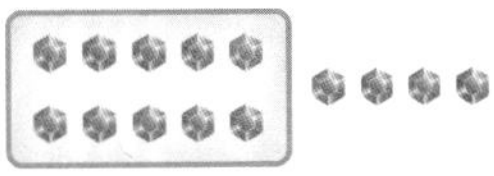

③ 10と　6で　□

④ 15は　10と　□

⑤ 10と　8で　□

⑥ 19は　□　と　9

3 かずを　すうじで　かきましょう。

①

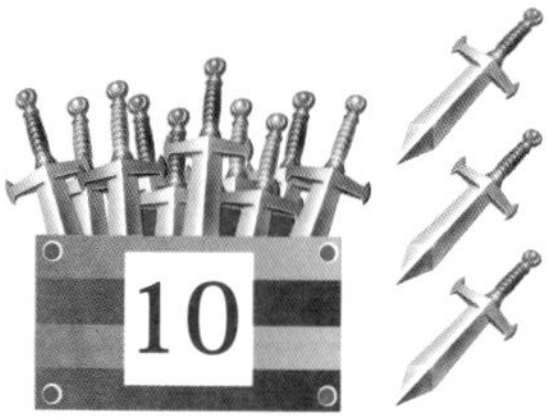

□

②

□

③

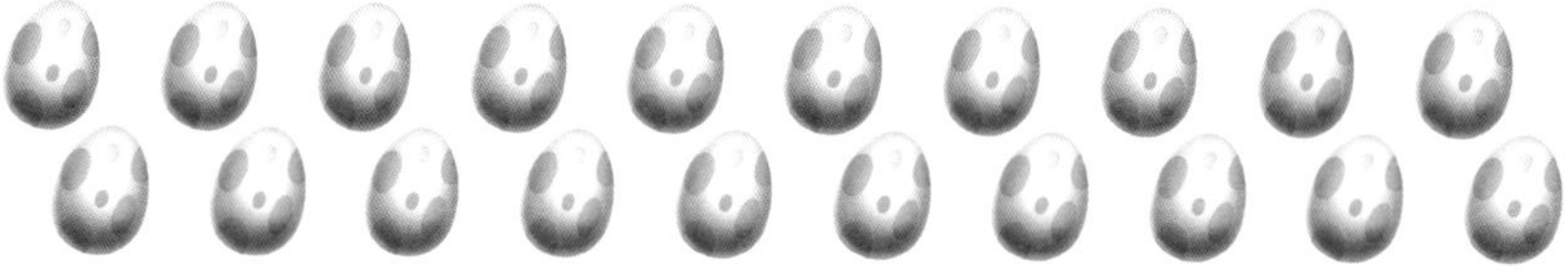

□

4 □に　あう　かずを　かきましょう。

①

あ □　い □　う □

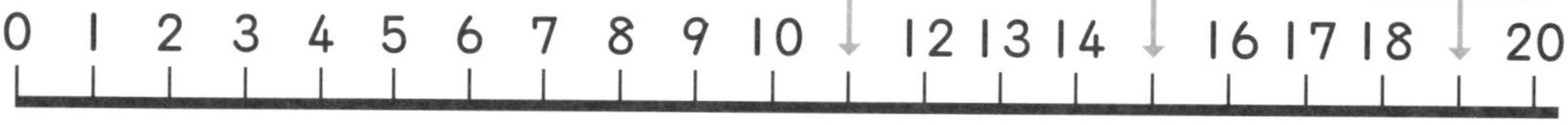

② 12より　2　大《おお》きい

かずは □

③ 19より　3　小《ちい》さい

かずは □

④ 20 － 19 － □ － □ － 16 － 15

5 大きい　ほうを　○で　かこみましょう。

① 11 ・ 9

② 16 ・ 18

ドラゴンの
ひみつ

サイバーン《さいばあん》は，つばさを　ぶつけて
てきを　こうげきする　ことも　ある。

こたえあわせを
したら ⑥の
シールを　はろう！

7 20までの　かずの　けいさん

月　　日

こたえ 87 ページ

1 たしざんを　しましょう。

① $10+2=$ □

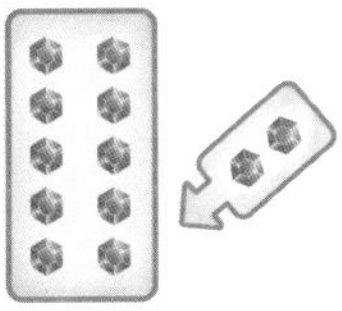

② $13+2=$ □

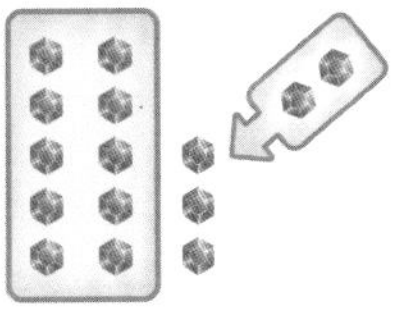

③ $10+5=$ □

④ $12+4=$ □

⑤ $10+7=$ □

⑥ $15+3=$ □

2 ひきざんを　しましょう。

① $13-3=$ □

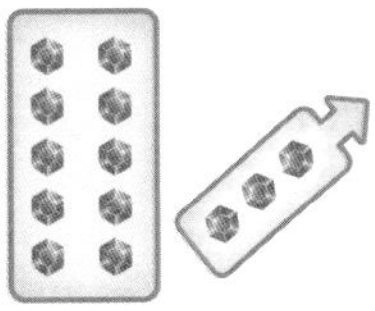

② $14-2=$ □

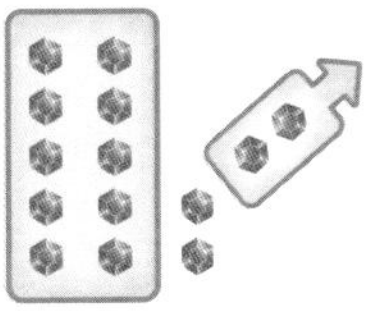

③ $16-6=$ □

④ $15-3=$ □

⑤ $19-9=$ □

⑥ $18-4=$ □

3 たしざんを　しましょう。

① 10＋1　　② 10＋8

③ 10＋4　　④ 10＋10

⑤ 12＋2　　⑥ 11＋7

⑦ 13＋4

⑧ 16＋3

⑤〜⑧は，10と
あと　いくつに　なるか
けいさんすれば
できるね。

4 ひきざんを　しましょう。

① 15－5　　② 17－7

③ 12－2　　④ 18－8

⑤ 15－1　　⑥ 16－3

⑦ 19－8　　⑧ 18－6

⑨ 17－2　　⑩ 19－3

ドラゴンのひみつ

グレンオウ《ぐれんおう》が　たたかうと，あたりは
いちめん　ほのおの　うみに　なる。

こたえあわせを
したら ⑦の
シールを　はろう！

8 3つの かずの けいさん

月　日

こたえ 87 ページ

1 はこの 中《なか》の けんは なん本《ぼん》に なりましたか。
しきに かきましょう。

6本
2本 入《い》れました。
3本 とりました。

（しき） 6 ＋ □ － □ ＝ □

2 けいさんを しましょう。

まえから じゅんに
けいさんするよ。

① 3＋2＋4＝□

② 5＋5＋3＝□

③ 9－4－2＝□

④ 12－2－4＝□

⑤ 7－6＋4＝□

⑥ 10－8＋6＝□

⑦ 7＋1－5＝□

⑧ 8＋2－3＝□

3 けいさんを　しましょう。

① $4+2+1$　　② $3+4+3$

③ $2+8+5$　　④ $9-1-5$

⑤ $10-1-6$　　⑥ $16-6-2$

⑦ $8-4+5$　　⑧ $7+2-8$

⑨ $1+9-7$　　⑩ $10-6+3$

4 下《した》の　おはなしに　あう　しきを　㋐から　㋓の　中《なか》から　1つ　見《み》つけて，◯で　かこみましょう。

とりが　7わ　います。3わ　とんで　いきましたが，2わ　とんで　きました。
とりは　なんわに　なりましたか。

㋐ $7+3+2=12$　　㋑ $7-3-2=2$

㋒ $7+3-2=8$　　㋓ $7-3+2=6$

ドラゴンのひみつ

グレンオウ《ぐれんおう》は，大《おお》きな　きばを　見せつけて　あいてを　おびえさせる。

こたえあわせを　したら　⑧の　シールを　はろう！

9 大きさくらべ

月　日

こたえ 87 ページ

1 いちばん　ながいのは，ⓐ，ⓘ，ⓤの　どれですか。

あ
い
う

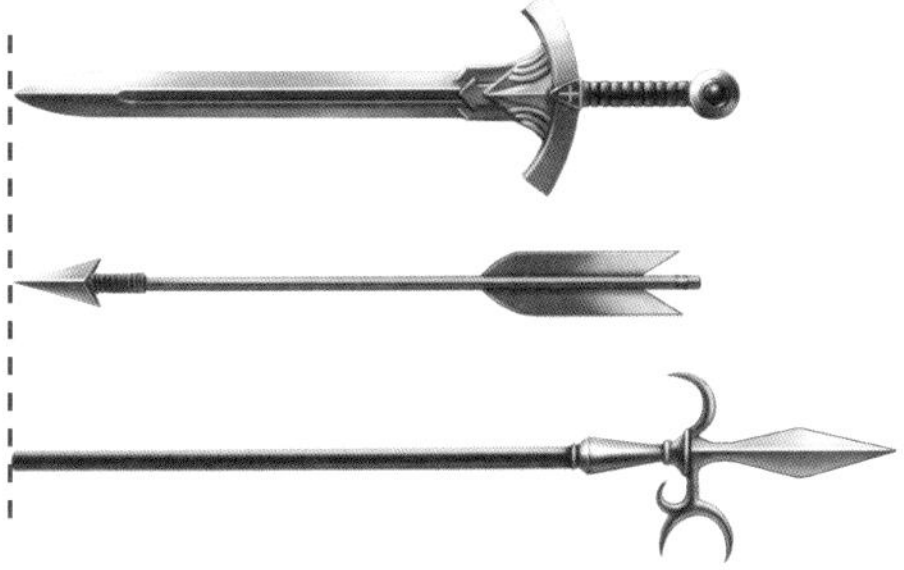

2 ⓐ，ⓘの　どちらの　びんに　水《みず》が　おおく　入《はい》りますか。

①

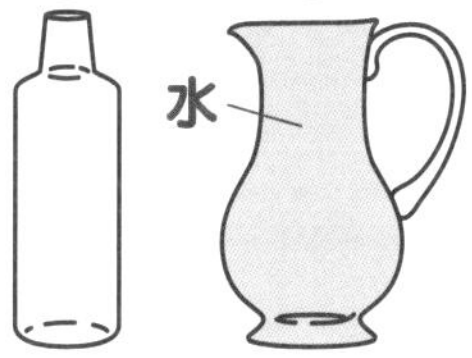

ⓘに　いっぱいに
入《い》れた　水を
ⓐに　うつしました。

あふれた。

②

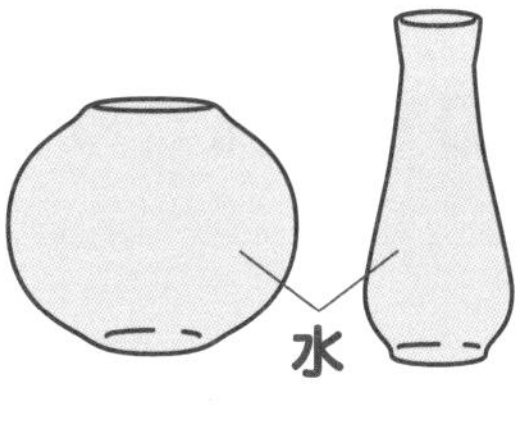

おなじ　大《おお》きさの
コップ《こっぷ》に　水を
うつしました。

3 ⓐ，ⓘの　どちらの　シート《しいと》が　ひろいですか。

あ

い

はしを
そろえて
かさねます。

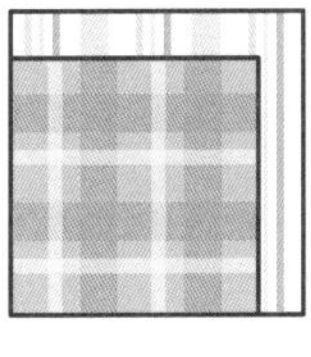

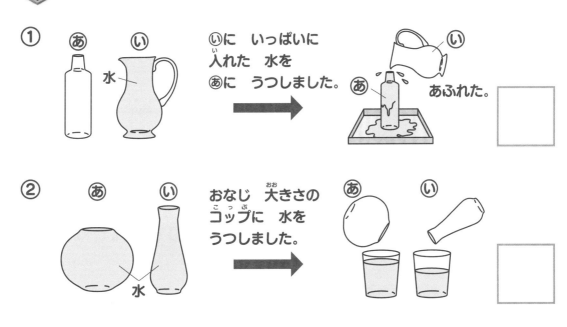

4 下《した》の えを 見《み》て こたえましょう。

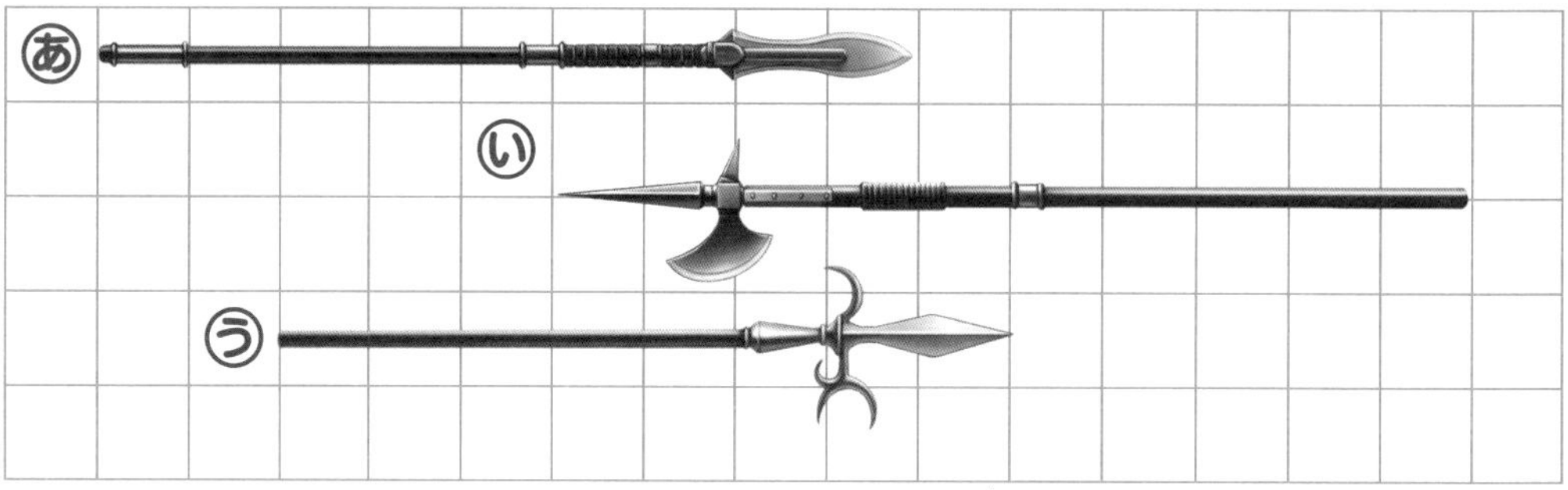

① ながい じゅんに，(あ)，(い)，(う)
で こたえましょう。　□，□，□

② (い)は (う)より，ますめの いくつぶん
ながいですか。　□つぶん

5 入《はい》る 水《みず》は，(あ)，(い)の どちらが おおいですか。

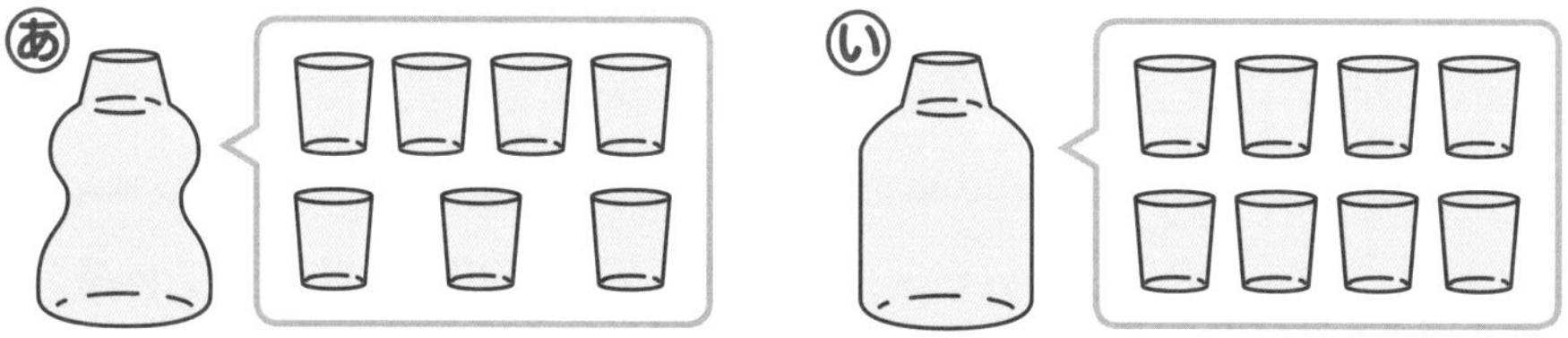

□

6 いちばん ひろいのは，(あ)，(い)，(う)の どれですか。

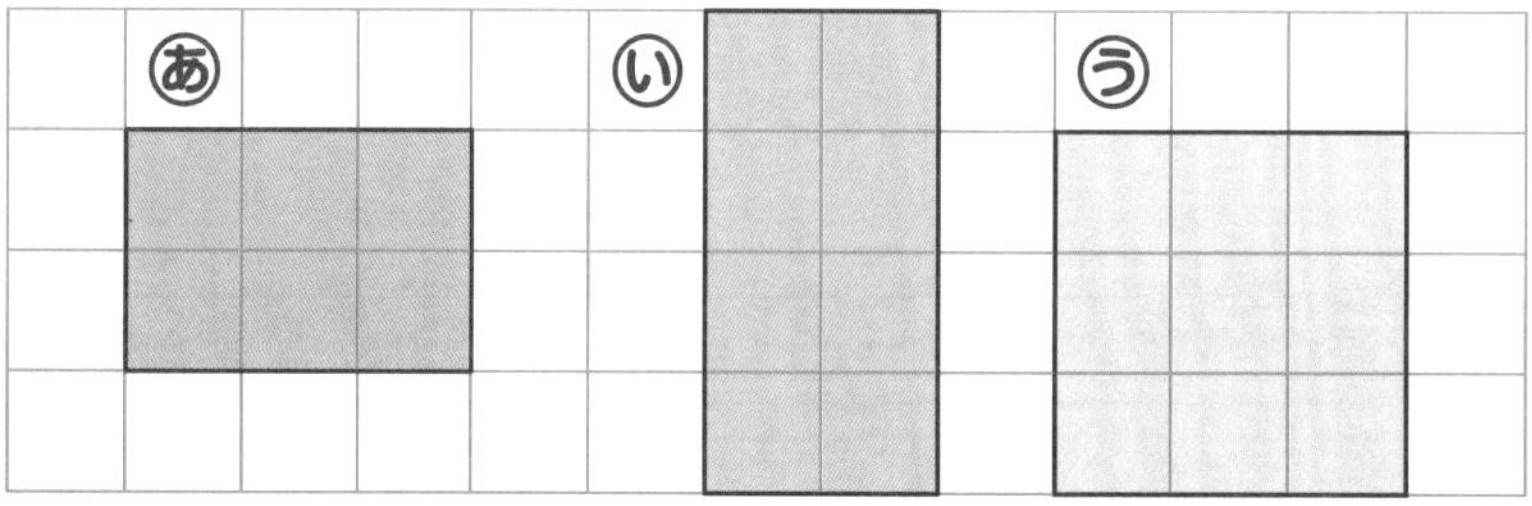

□

ドラゴンのひみつ

グレンオウ《ぐれんおう》が 空《そら》を とぶと，つばさの はばたきで ねっぷうが ふきおこる。

こたえあわせを したら ⑨の シールを はろう！

10 くり上がりの ある たしざん

月　日

こたえ 88ページ

1 9+3の たしざんを します。□に あう かずを かきましょう。

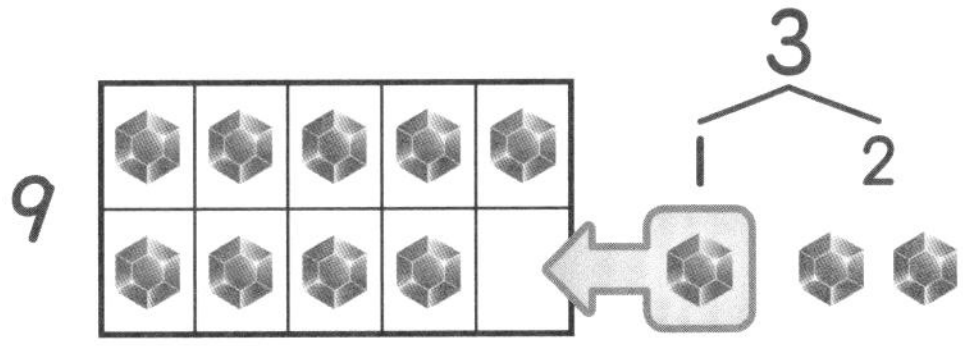

❶ 9に □ を たして 10。

❷ 10と のこりの □ で □ 。

2 たしざんを しましょう。

① $9+6=$ □

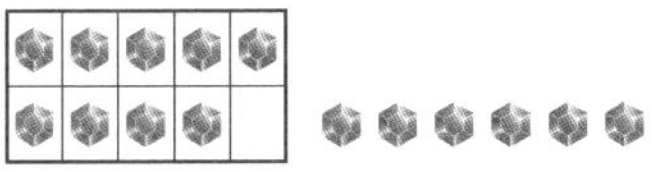

② $8+5=$ □

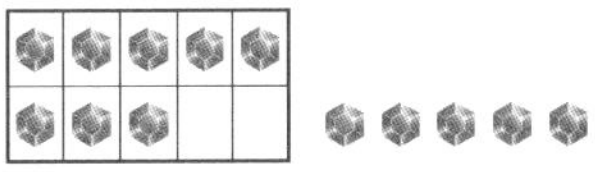

③ $7+4=$ □

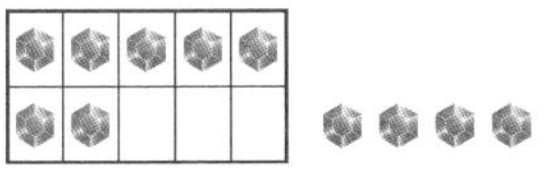

④ $5+9=$ □

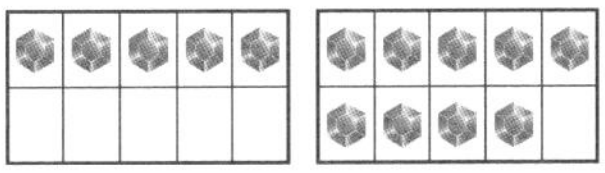

⑤ $4+8=$ □

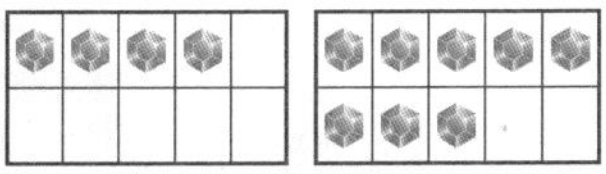

④は 9で，⑤は 8で 10を つくって けいさんしても よいです。

3 たしざんを　しましょう。

① 9＋4　　② 8＋3

③ 7＋5　　④ 2＋9

⑤ 5＋8　　⑥ 6＋7

⑦ 7＋8　　⑧ 8＋9

4 こたえが　13に　なる　たしざんを　㋐から　㋕の　中《なか》から　2つ　見《み》つけて，◯で　かこみましょう。

㋐ 9+5　　㋑ 7+6　　㋒ 3+9

㋓ 8+6　　㋔ 5+7　　㋕ 4+9

5 ながい　ろうそくが　8本《ほん》，みじかい　ろうそくが　7本　あります。ろうそくは　ぜんぶで　なん本　ありますか。

（しき）

こたえ　　本

ドラゴンの ひみつ

グレンオウ《ぐれんおう》が　おこると，ほのおの　たてがみが　いつもより　大《おお》きく　なる。

こたえあわせを　したら　⑩の　シールを　はろう！

11 くり下がりの　ある　ひきざん

月　　日

こたえ 88ページ

1　13−9の　ひきざんを　します。□に　あう　かずを　かきましょう。

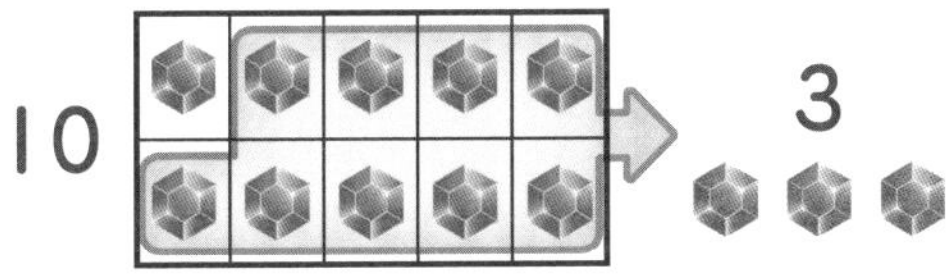

13の　中《なか》の　10から　9を　ひいて　けいさんするよ。

❶　10から　□　を　ひいて　1。

❷　1と　のこりの　□　で　□　。

2　ひきざんを　しましょう。

①　11 − 8 ＝ □

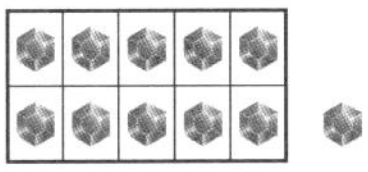

②　12 − 7 ＝ □

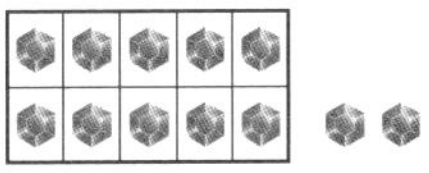

③　13 − 6 ＝ □

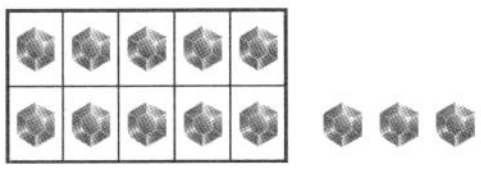

④　11 − 5 ＝ □

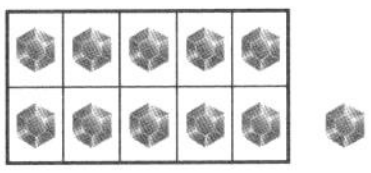

⑤　12 − 3 ＝ □

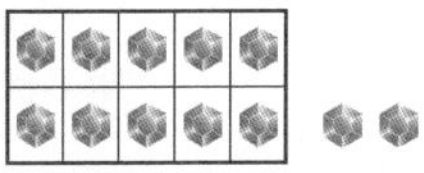

3を　2と　1に　わけて　ひいても　よいです。
❶12から　2を　ひいて　10。
❷10から　1を　ひいて　9。

3 ひきざんを　しましょう。

① 12－9　　② 11－7

③ 14－8　　④ 15－6

⑤ 11－6　　⑥ 17－8

⑦ 13－5　　⑧ 11－4

4 こたえが　7に　なる　ひきざんを　㋐から　㋕の　中《なか》から　2つ　見《み》つけて，◯で　かこみましょう。

㋐ 15－9　　㋑ 16－8　　㋒ 12－5

㋓ 14－6　　㋔ 15－8　　㋕ 13－7

5 りんごが　12こ，たまごが　4こ　あります。どちらが　なんこ　おおいですか。

（しき）

こたえ　　が　　こ　おおい。

ドラゴンの
ひみつ

グレンオウ《ぐれんおう》は，マグマ《まぐま》の　ねつを
きゅうしゅうして　パワーアップ《ぱわああっぷ》する。

こたえあわせを
したら ⑪の
シールを　はろう！

12 大きな かず

月　　日

こたえ 88ページ

1 □に あう かずを かきましょう。

	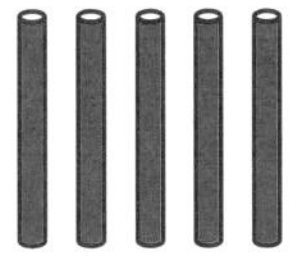
十《じゅう》のくらい	一《いち》のくらい
3	5

① 10が 3こと 1が 5こで
　　30　　　　　5

さんじゅうごと いい,

□と かきます。

② 35の 十のくらいの すうじは □, 一のくらいの すうじは □です。

③ 

左《ひだり》の ぼうの かずは,

□です。

2 □に あう かずを かきましょう。

① 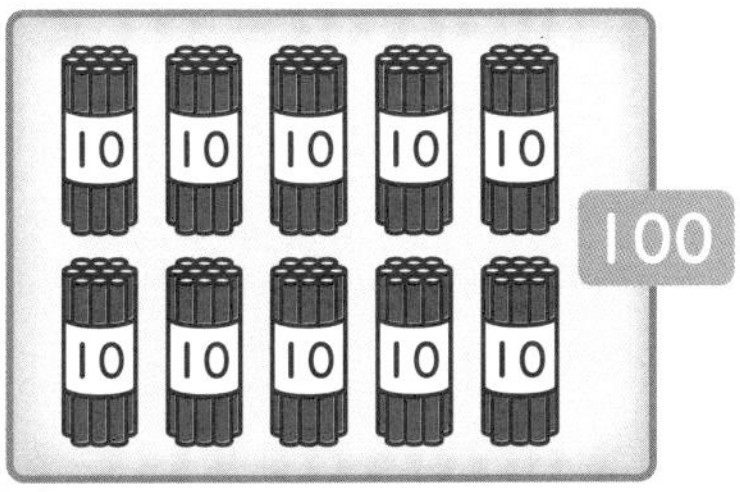

10が 10こで 百《ひゃく》と いい,

□と かきます。

② 100と 2で ひゃくにと いい, □と かきます。

3 □に あう かずを かきましょう。

① 40と 8で □　　② 10が 6こで □

③ 10が 7こと 1が 4こで □

④ 56は，10が □ こと 1が □ こ

⑤ 十《じゅう》のくらいが 8，一《いち》のくらいが 9の かずは □

4 □に あう かずを かきましょう。

① あ □　い □　う □

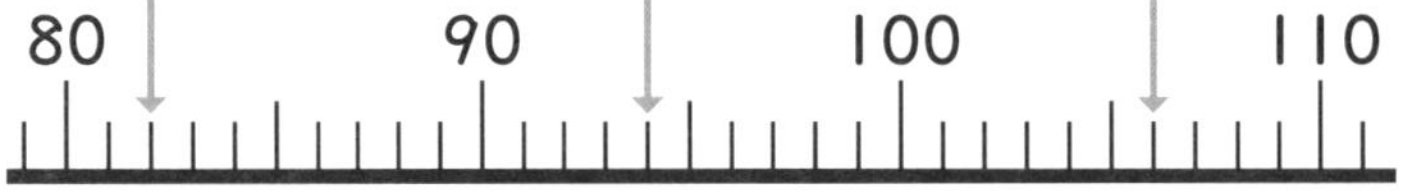

② □ － 70 － 80 － 90 － □

5 大《おお》きい ほうを ○で かこみましょう。

① 76 ◆ 67　　② 96 ◆ 98

ドラゴンの ひみつ

グレンオウ《ぐれんおう》は，からだの 中《なか》の ほのおが もえつづける かぎり むてきだ。

こたえあわせを したら ⑫の シールを はろう！

13 大きな　かずの　けいさん

月　日

こたえ 89 ページ

1 けいさんを　しましょう。

① 20＋30＝

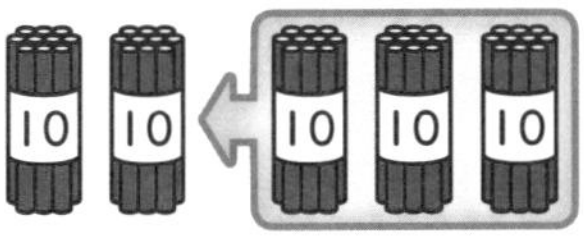

10の　たばが　2＋3で　5こ➡50

② 50－30＝

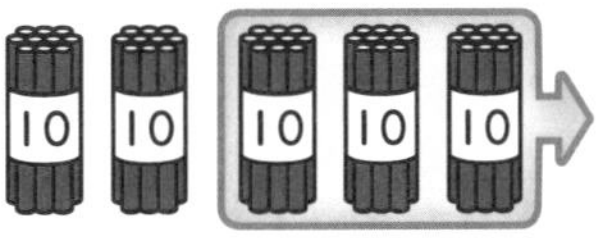

10の　たばが　5－3で　2こ➡20

③ 10＋60＝

④ 70－20＝

⑤ 50＋50＝

⑥ 100－90＝

2 けいさんを　しましょう。

① 21＋4＝

❶1＋4で　5
❷20と　5で
25

② 26－2＝

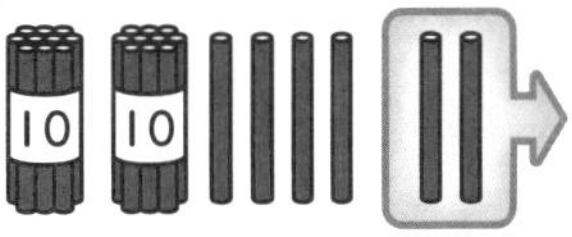

❶6－2で　4
❷20と　4で
24

③ 30＋5＝

④ 43－3＝

⑤ 65＋2＝

⑥ 59－7＝

3 けいさんを　しましょう。

① 10 ＋ 50　　② 30 ＋ 40

③ 60 ＋ 30　　④ 80 ＋ 20

⑤ 90 − 40　　⑥ 60 − 30

⑦ 80 − 60

⑧ 100 − 30

4 けいさんを　しましょう。

① 40 ＋ 2　　② 60 ＋ 8

③ 31 ＋ 7　　④ 52 ＋ 4

⑤ 87 ＋ 2　　⑥ 25 − 5

⑦ 44 − 4　　⑧ 79 − 5

⑨ 67 − 4　　⑩ 98 − 2

ドラゴンのひみつ
グレンオウ《ぐれんおう》は，てきを　ほのおの　うずに
とじこめて　もやしつくす。

こたえあわせを
したら　⑬の
シールを　はろう！

14 とけい，かたち

月　日

こたえ 89 ページ

1 とけいを　よみましょう。

①

みじかい　はり…8と　9の　あいだ➡8じ○ふん
ながい　はり……15ふんの　2めもり　さき
➡17ふん

②

③

④

2 つみ木《き》と　おなじ　なかまの　かたちを　——《せん》で　つなぎましょう。

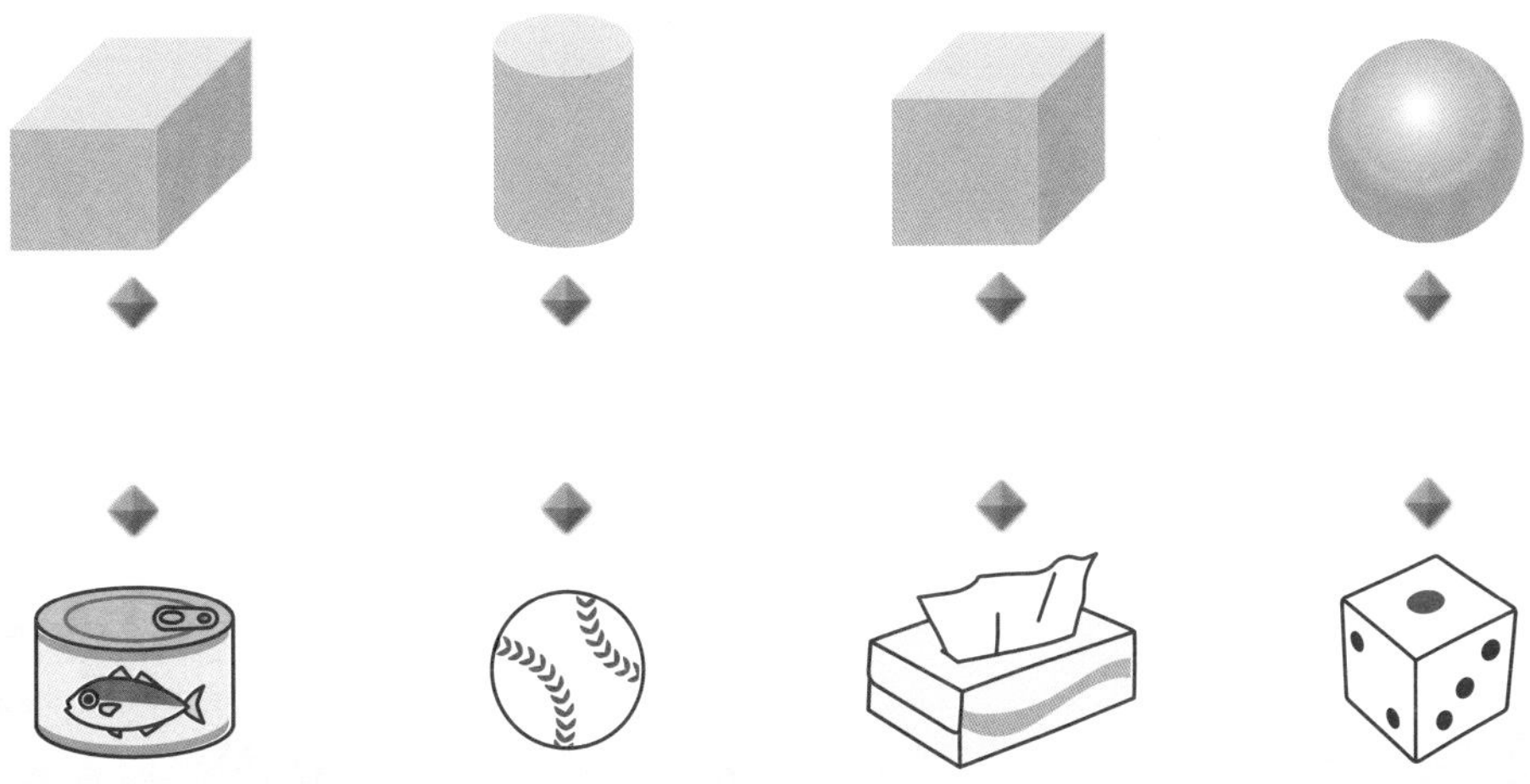

3 ながい　はりを　かきましょう。

① 2じ

② 11じ30ぷん

③ 6じ15ふん

④ 3じ58ふん

4 ①，②，③の　かたちは，㋐の　いろいたを　なんまい　つかうと　つくれますか。

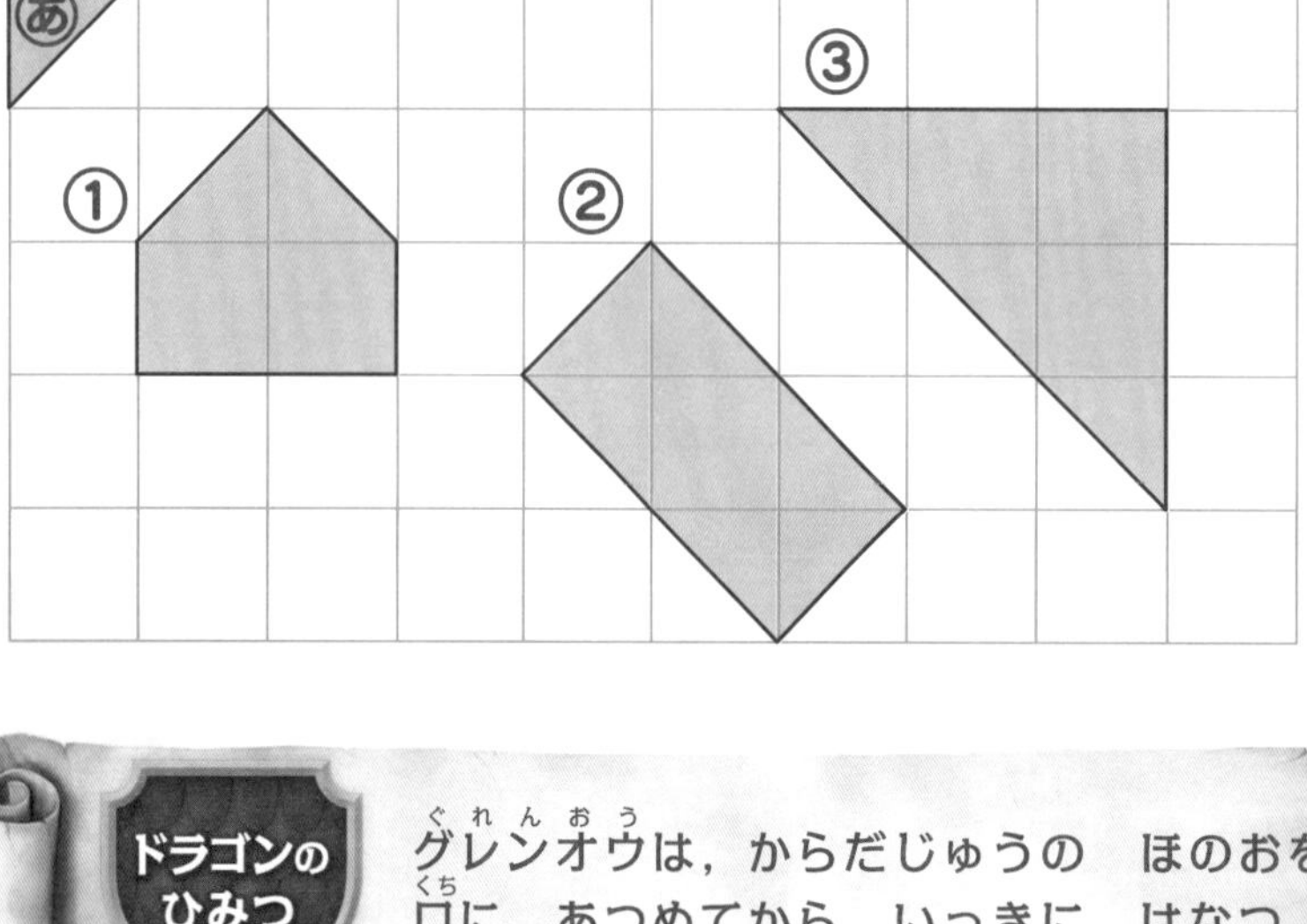

① □ まい

② □ まい

③ □ まい

ドラゴンの ひみつ

グレンオウ《ぐれんおう》は，からだじゅうの　ほのおを　口《くち》に　あつめてから，いっきに　はなつ。

こたえあわせを したら ⑭の シールを はろう！

15 いろいろな　文しょうだい

月　　日

こたえ 89ページ

1　子《こ》どもが　1れつに　ならんで　います。かいさんは　まえから　8ばんめです。かいさんの　うしろには　3人《にん》　います。ぜんぶで　なん人　ならんで　いますか。

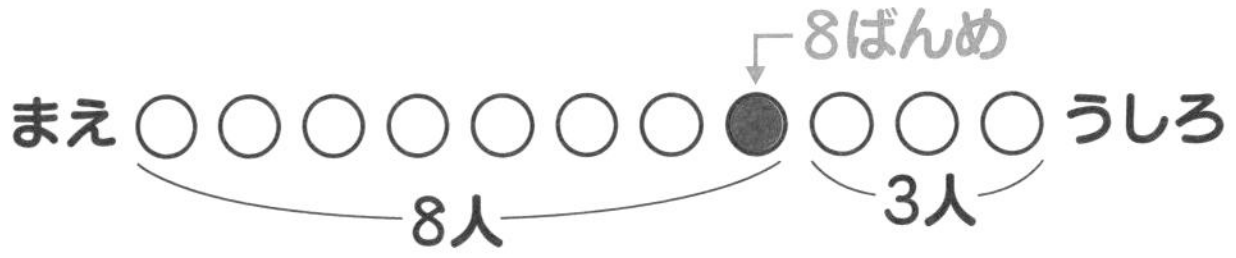

（しき）□＋□＝□　　こたえ □人

2　ろうそくが　13本《ぼん》　あります。9人に　1本ずつ　くばると，なん本　のこりますか。

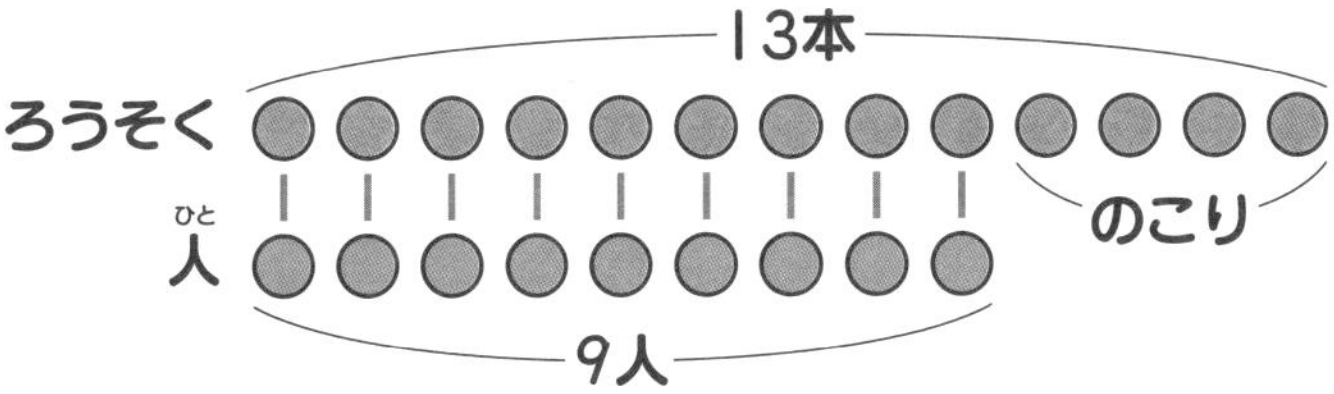

（しき）□－□＝□　　こたえ □本

3　やりが　9本　あります。けんは，やりより　5本　おおいそうです。けんは，なん本　ありますか。

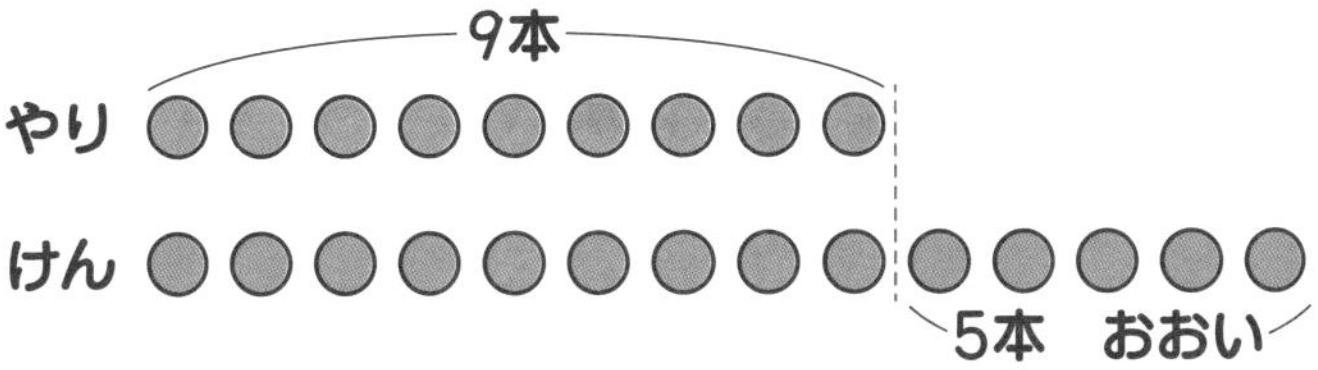

（しき）□＋□＝□　　こたえ □本

4 子《こ》どもが　１れつに　１５人《にん》　ならんで　います。
ひなさんは，まえから　６ばんめです。
ひなさんの　うしろには，なん人
いますか。

（しき）

こたえ　□人

5 ７人に　りんごを　１こずつ　くばると，５こ　あまります。りんごは，ぜんぶで　なんこ　ありますか。

（しき）

こたえ　□こ

6 赤《あか》い　ほう石《せき》が　１２こ　あります。
青《あお》い　ほう石は，赤い　ほう石より
４こ　すくないそうです。
青い　ほう石は，なんこ　ありますか。

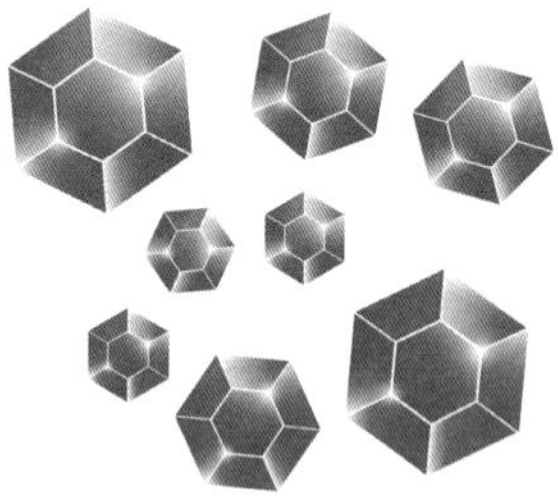

（しき）

こたえ　□こ

ドラゴンの ひみつ
グレンオウ《ぐれんおう》は，じぶんの　つよさに
じしんを　もって　いる。

こたえあわせを
したら　⑮の
シールを　はろう！

16

学校《がっこう》を　たんけんしよう

月　　日

こたえ　90 ページ

1　学校《がっこう》の　どの　へやに　ついて　はなして　いますか。
［　　］から　1つずつ　えらんで　（　　）に　へやの
名《な》まえを　かきましょう。

①

いろいろな
がっきが
あったよ。

（　　　　　）

②

けがを　した
ときに　いく
へやだね。

（　　　　　）

③

先生《せんせい》が
たくさん
いる　へやだよ。

（　　　　　）

音《おん》がくしつ

しょくいんしつ

ほけんしつ

2　あなたの　学校には　**1**の　ほかに　どんな
へやが　ありますか。

3 学校《がっこう》を　たんけんする　ときの　ちゅういとして　正《ただ》しい　ものを　1つ　えらんで　きごうに　○を　つけましょう。

ア　いどうする　ときは　かならず　はしる。

イ　大《おお》きな　こえで　はなしを　したり　さわいだり　しない。

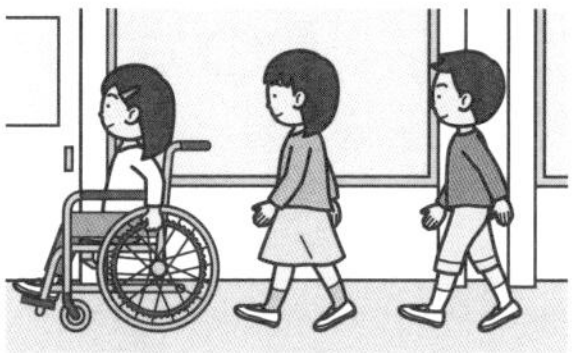

ウ　入《はい》りたい　ところが　あれば　どこにでも　入って　よい。

エ　学校で　はたらく　人《ひと》には　あいさつを　しない。

4 学校に　ある　ものには　○を，ない　ものには　×を　かきましょう。

①

（　　　）

②

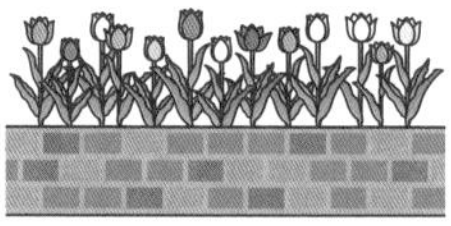

（　　　）

③

（　　　）

④

（　　　）

⑤

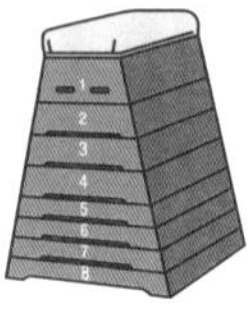

（　　　）

ドラゴンの ひみつ　カブトタチの　つのは，どんな　こうげきを　うけても　ぜったいに　おれない。

こたえあわせを　したら　⑯の　シールを　はろう！

17 花《はな》を　そだてよう

月　日

こたえ 90ページ

1 花《はな》の　名《な》まえに　あう　たねと　花を　それぞれ　1つずつ　えらんで，●と　●を　せんで　むすびましょう。

① オシロイバナ　　② ヒマワリ　　③ マリーゴールド

たね

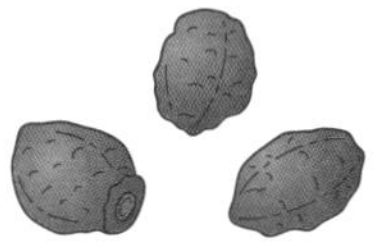

花

どんな　とくちょうが　あるかな。もようや　いろ，かたちに　ちゅう目《もく》して　みよう。

2 アサガオの　たねまきや　せわに　ついて，正《ただ》しければ　○を，まちがって　いれば　×を　かきましょう。

① たねを　まいたら，土《つち》を
ふんで　かためる。

（　　　）

② 土が　かわかないように，
まい日《にち》　水《みず》を　やる。

（　　　）

③ うえ木《き》ばち　いっぱいに
はっぱが　出《で》て　きても，
ほうって　おく。

（　　　）

④ つるが　のびて　きたら，
まきつく　ための
ぼうを　立《た》てる。

（　　　）

3 アサガオが　そだつ　じゅんばんが　正しい　ほうを　えらんで，きごうに　○を　つけましょう。

ア

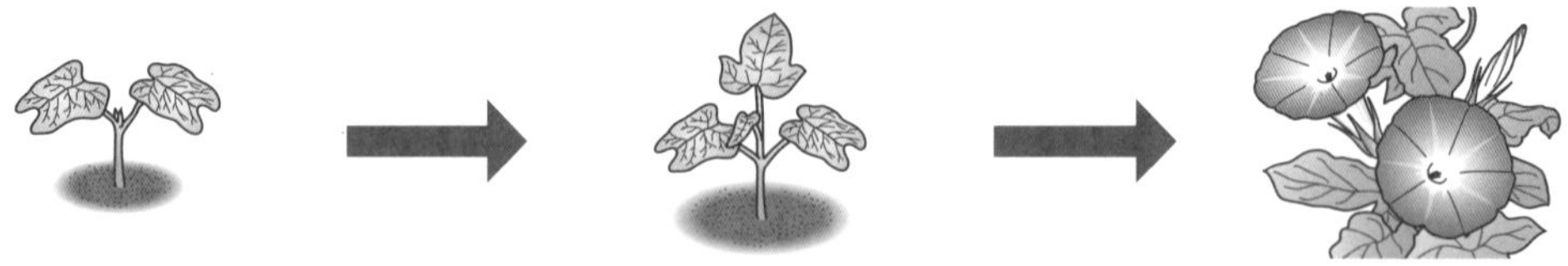

イ

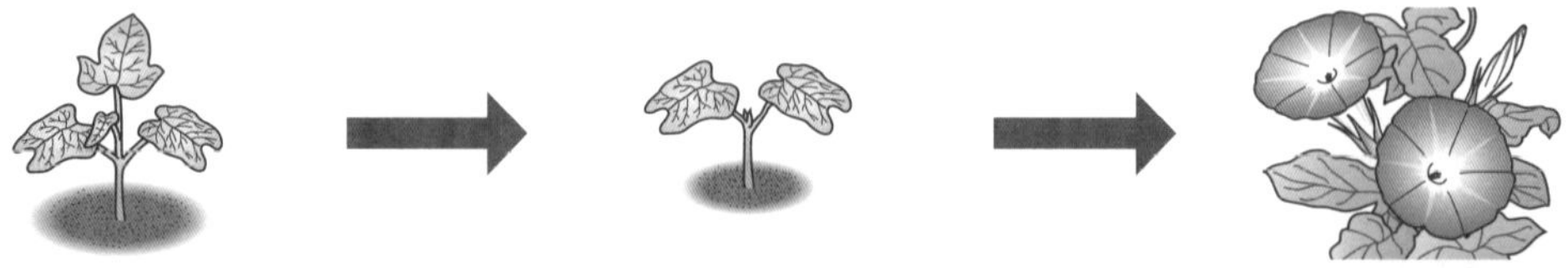

ドラゴンの
ひみつ

カブトタチの　からだは，よろいの　ように
かたくて　がんじょうだ。

こたえあわせを
したら ⑰の
シールを　はろう！

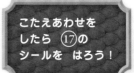

18 あんぜんに　あそぼう

月　　日

こたえ 90 ページ

1 そとでの　やくそくです。（　　）に　あてはまる　ことばを　[　]から　えらんで，○で　かこみましょう。

① トイレに　いく　ときは（　　）。

だれかに　つたえる・だれにも　いわない

② しらない　人《ひと》に　こえを　かけられたら，（　　）。

ついて　いく・ちかづかない

③ やくそくした　じこくは（　　）。

気《き》に　しない・かならず　まもる

④ あつい　日《ひ》に　そとで　あそぶ　ときは　ぼうしを　かぶり，（　　）を　もって　いく。

水《すい》とう・スリッパ

やくそくを　おもい出《だ》してね。

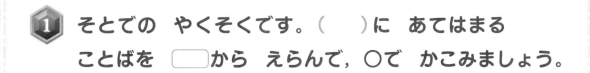

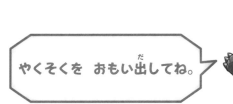

2 どうろで　気《き》を　つける　こととして　正《ただ》しい　ものを　2つ　えらんで，きごうに　○を　つけましょう。

ア　きけんな　ばしょに　ちかづかない。

イ　車《くるま》が　とおる　みちで　ひろがって　あるく。

ウ　学校《がっこう》の　いきかえりには，　きめられた　みちを　とおる。

エ　しんごうが　赤《あか》でも，　車が　きて　いなければ　わたる。

3 みんなで　なかよく　あそぶには　どう　すれば　よいですか。正しい　ほうを　えらんで，○を　かきましょう。

① ア（　　　）じゅんばんを　まもって　あそぶ。

　 イ（　　　）じゅんばんは　気に　しないで　あそぶ。

② ア（　　　）一人《ひとり》じめしないで　みんなで　あそぶ。

　 イ（　　　）じぶんだけで　すきなだけ　あそぶ。

ドラゴンの ひみつ　カブトタチは，うでの　かたなで　てきを　なんども　きりさく　わざを　もつ。

こたえあわせを　したら　⑱の　シールを　はろう！

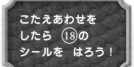

19 たねとりを しよう，生《い》きものと なかよくしよう

月　日

こたえ 91 ページ

1 花《はな》の たねに ついて，正《ただ》しい せつめいを 1つ えらんで，きごうに ○を つけましょう。

ア ホウセンカは，とれた たねを まいても めが 出《で》る ことは ない。

イ フウセンカズラは，まいた たねと とれる たねの かたちが ちがう。

ウ アサガオは，1つの 花から いくつかの たねが とれる。

エ オクラの みの 中《なか》には，たねが 入《はい》って いない。

2 生《い》きものの 名《な》まえを □から 1つずつ えらんで，（　）に かきましょう。

① 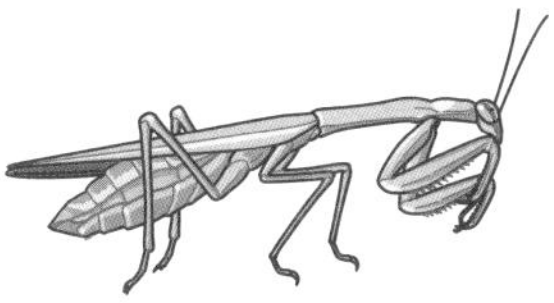
（　　　　）

② 
（　　　　）

③ 
（　　　　）

④ 
（　　　　）

⑤ 
（　　　　）

⑥ 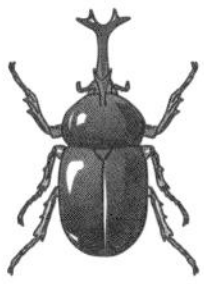
（　　　　）

カブトムシ・アゲハ・ダンゴムシ
カタツムリ・ミツバチ・オオカマキリ

3 生《い》きものと　なかよく　する　ための　やくそくとして　正《ただ》しければ　○を，まちがって　いれば　×を　かきましょう。

① 生きものに　ふれる　ときは　やさしく　する。

（　　）

② えさは　なにを　やっても　よい。

（　　）

③ せわする　ひつようは　ない。

（　　）

④ よく　かんさつする。

（　　）

4 あきに　なると　いろが　赤《あか》や　きいろに　かわる　はっぱには，どんな　ものが　ありますか。

みの　まわりに　ある　生きものを　よく　かんさつして　みよう。

ドラゴンの　ひみつ

カブトタチは，さわった　てきを　でん気《き》エネルギーで　しびれさせる。

こたえあわせを　したら　⑲の　シールを　はろう！

20 じぶんで できる こと

月　　日

こたえ 91 ページ

1 いつも して いる ことには ○を，いままでに した ことが ある ことには △を かきましょう。

① せんたくものを たたむ。

(　　)

② しょくじの じゅんびを する。

(　　)

③ げんかんの くつを そろえる。

(　　)

④ かぞくで つかう へやの そうじを する。

(　　)

⑤ しょくごの かたづけを する。

(　　)

⑥ ごみの 日《ひ》に ごみ出《だ》しを する。

(　　)

2 けんこうに　くらす　ために，あなたが　まい日《にち》　して　いる　ことを　えらんで　すすみ，ほう石《せき》を　手《て》に　入《い》れましょう。

スタート

早《はや》ね　早おきを　して　いる。

いいえ→

あさごはんを　たべて　いる。

はい↓

はい↙

いいえ↓

手あらい，うがいを　して　いる。

いいえ→

はみがきを　して　いる。

おふろに　入《はい》って　いる。

はい↓

はい↙

いいえ↘

はい↙

いいえ↓

ほう石を　たくさん　手に　入れられたかな。

ドラゴンの ひみつ

カブトタチは，つのから　でん気《き》を　はなち，あたりいったいを　かんでんさせる。

こたえあわせを　したら　⑳の　シールを　はろう！

21 もうすぐ　2年《ねん》生《せい》

月　　日

こたえ 91 ページ

1 あなたが　1年《ねん》かんで　できるように　なった　こと，せいちょうした　ことは　いくつ　ありますか。かずを　かぞえましょう。

▶ あたらしい　ともだちが　できた。

▶ せが　のびた。

▶ かん字《じ》を　たくさん　おぼえた。

▶ 花《はな》を　そだてる　ことが　できるように　なった。

▶ たいじゅうが　ふえた。

▶ すすんで　お手《て》つだいを　するように　なった。

1年かんで　□　つ　できるように　なった！

2　1年生《ねんせい》の　ときに　おもい出《で》に　のこった　ことは　なんですか。「～ことは」に　つづけて　かきましょう。

たのしかった　ことは

うれしかった　ことは

むずかしかった　ことは

ドラゴンの ひみつ

カブトタチが　でん気《き》を　からだに　まとったら，たたかう　あいずだ。

こたえあわせを　したら　㉑の　シールを　はろう！

22 ひらがなの　ことば①

月　日

こたえ 92 ページ

1 えに　あう　ことばを　ひらがなで　かきましょう。

① 

② 

③ 

④ 

⑤ 

2 「゛《てんてん》」か　「゜《まる》」の　つく　ことばを、ひらがなで　かきましょう。

① 
か□

② 
□ん□

③ 
□り□に

④ 
め□□

⑤ 
□ん□□

3 のばす 音《おん》の ある ことばを かきましょう。

① 
□□じ

② 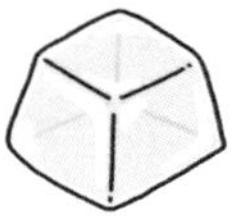
こ□□

③ 
□け□

④ 
□か□さん

⑤ 
□ね□さん

4 小《ちい》さい「ゃ・ゅ・ょ・っ」が 入《はい》る ことばを、ひらがなで かきましょう。

① 
□□う

② 
き□□□

③ 
□□し□

④ 
□□ぽ

⑤ 
し□□ゆ

ドラゴンの ひみつ
フロステールは やさしいが、なかまの ためなら ゆうかんに たたかう。

こたえあわせを したら ㉒の シールを はろう！

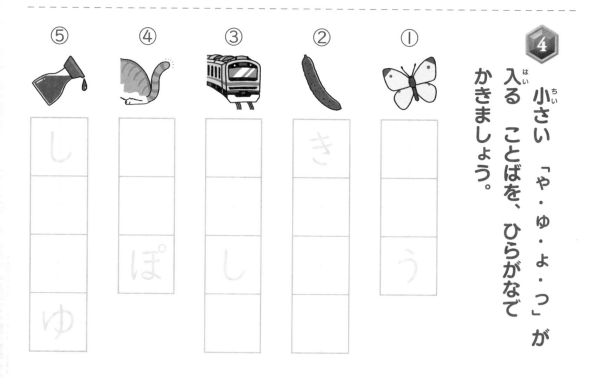

ひらがなの　ことば②

月　日

こたえ 92ページ

1 正《ただ》しく　かいて　ある　ほうの　ことばに、○を　つけましょう。

①

（　）めりえ
（　）ぬりえ

②

（　）はつぱ
（　）はっぱ

③

（　）まくら
（　）よくら

④

（　）くるま
（　）へるま

⑤

（　）しみじ
（　）もみじ

2 まちがいを　見《み》つけて、ぜんぶ　正しく　かきなおしましょう。

① れずみ

② むいか

③ とびぼこ

④ じてんしや

3 えに　あう　ほうの　ことばに、○を　つけましょう。

① 
（　）かき
（　）かぎ

② 
（　）ふた
（　）ぶた

③ 
（　）さる
（　）ざる

④ 
（　）ねこ
（　）ねっこ

⑤ 
（　）びよういん
（　）びょういん

4 つぎの　文《ぶん》の　□に、小《ちい》さい　「ゃ・ゅ・ょ・っ」の　どれかを　かきましょう。

① せ□けんで　手《て》を　あらう。

② じ□んけんで　かつ。

③ すきな　き□うり□うは、ティラノサウルスです。

④ ち□うし□を　うつ。

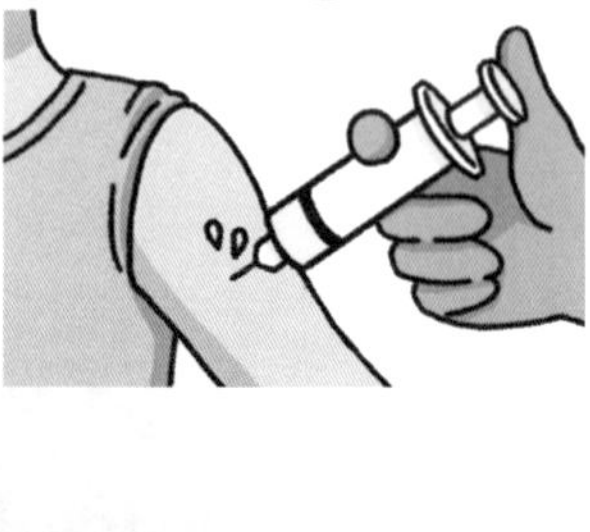

ドラゴンの　ひみつ

フロステールは、水《みず》の　中《なか》や　こおりの　上《うえ》での　たたかいが　とくいだ。

こたえあわせを　したら　㉓の　シールを　はろう！

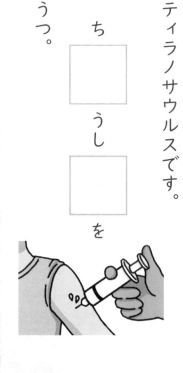

24 かたかなの　ことば

月　日

こたえ 92ページ

1 えに　あう　ことばを　かたかなで　かきましょう。

① 
ド□

② 
□マ□

③ 
タ□□

④ 
□□オ□

⑤ 
ク□□プ

---

2 正《ただ》しく　かいて　ある　ほうの　ことばに、○を　つけましょう。

① 
（　）バケシ
（　）バケツ

② 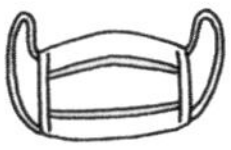
（　）アスク
（　）マスク

③ 
（　）ヨット
（　）ヲット

④ 
（　）ズボン
（　）ヌボン

⑤ 
（　）クリスマス
（　）クソスマス

3

まちがいを　見《み》つけて、ぜんぶ　正《ただ》しく　かきなおしましょう。

①  チレビ

②  コマフ

③ 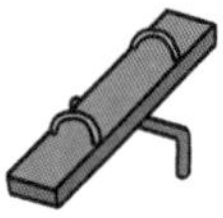 ツーソー

④  クッフル

4

のばす　音《おん》や　小《ちい》さく　かく　字《じ》に　気《き》を　つけて、かたかなで　正《ただ》しく　かきましょう。

①  ぷうる

②  ろけっと

③  ちいたあ

④  すてえき

ドラゴンのひみつ

フロステールは、たてに　かいてんして　しっぽの　ひれで　きりさく　わざを　もつ。

こたえあわせを　したら　㉔の　シールを　はろう！

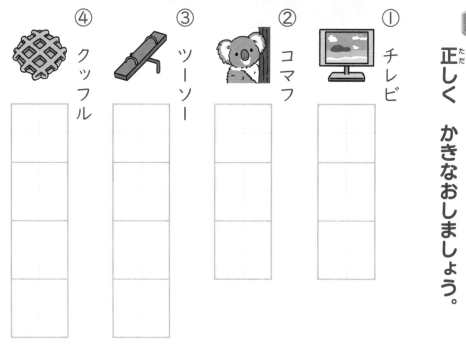

25 なかまの　ことば

月　　日

こたえ 93ページ

1 つぎの　ものと　おなじ　なかまの　ものを、二《ふた》つずつ　えらんで、――せんで　つなぎましょう。

① じゃがいも・

② ひこうき・

③ きつね・

・でん車《しゃ》

・しまうま

・なす

・パンダ

・タクシー

・キャベツ

2 えの　ものを　ひとまとめに　した　ことばを、［　］から　えらんで　（　）に　かきましょう。

①

（　　　　）

②

（　　　　）

③

（　　　　）

［がっき　文《ぶん》ぼうぐ　こん虫《ちゅう》］

3 つぎの　ものを　ひとまとめに　した　ことばを、□に　ひらがなで　かきましょう。

①まぐろ・たい・さば・うなぎ

②からす・はと・すずめ・いんこ

③ばら・カーネーション・ゆり

4 つぎの　なかまの　ことばを　□から　えらんで、（　）に　かきましょう。

①しょっき

（　　）（　　）

②くつ（はきもの）

（　　）（　　）

スニーカー　スプーン
ちゃわん　ながぐつ

ドラゴンのひみつ

フロステールは、水《みず》の　中《なか》に　うずを　つくり、てきを　とじこめる。

こたえあわせを　したら　㉕の　シールを　はろう！

26

だれ（なに）が どう する

月　日

こたえ 93ページ

1 えに あうように、上《うえ》と 下《した》の ことばを ——せんで つないで、文《ぶん》を つくりましょう。

① かばが・　　・ねむる。

② さいが・　　・たべる。

③ ぞうが・　　・およぐ。

④ きりんが・　　・はしる。

2 えを 見《み》て、（　）に あう ことばを □ から えらんで かきましょう。

① （　　）が うかぶ。

② （　　）が 休《やす》む。

③ （　　）が はねる。

かもめ
いるか
ヨット

3 えを 見《み》て、（　）に あう ことばを ▭ から えらんで かきましょう。

① おとうさんが （　　　　）。

② おかあさんが （　　　　）。

③ わたしが （　　　　）。

すわる
やく
きる

---

4 えを 見《み》て、（　）には あう ことばを、□には かん字《じ》を かきましょう。

① （た　　　）が □《て》を （　　　　）。

② （　　　　）が □《くさ》を （　　　　）。

ドラゴンの ひみつ　フロステールの　ブレスを　うけた　てきは、こおって　うごけなく　なる。

こたえあわせを したら ㉖の シールを はろう！

27 「は」「を」「へ」の つかいかた／正《ただ》しい 文《ぶん》を つくる

月　日

こたえ 93ページ

1 正《ただ》しい ほうの 字《じ》を、○で かこみましょう。

① 学校《がっこう》 {え／へ} かよう。

② えんぴつ {お／を} けずる。

③ うち {は／わ} 四人《よにん》かぞくだ。

④ じぶんの へや {え／へ} いく。

⑤ ぎゅうにゅう {お／を} のむ。

---

2 つぎの 文《ぶん》の □に、「わ・は・お・を・え・へ」の どれかを かきましょう。

① □たし□、スーパーで、□かし□かった。

② □とうさんと としょかん□いき、どうぶつの□本《ほん》□かりた。

3 えに あう 文《ぶん》に なるように、□に「は・を」の どちらかを かきましょう。

① ライオン□、一生《いっしょう》けんめい しまうま□ おいかけた。

② しまうま□、あわてて 草《そう》げん□ はしって にげた。

---

4 ▮せんの 字《じ》を 正《ただ》しく なおして、（　）に 文を かきなおしましょう。

① わたしわ、こうえんえ いく。

（　　　　　　　　）

② ボールお とおくえ なげる。

（　　　　　　　　）

③ バスわ えきまええ むかう。

（　　　　　　　　）

ドラゴンのひみつ フロステールは、てきの うごきを れいせいに かんさつして たたかう。

こたえあわせを したら ㉗の シールを はろう！

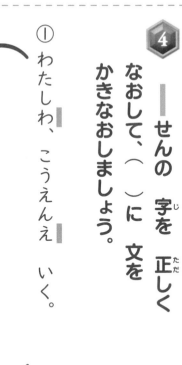

28 かん字《じ》の　なりたち

月　　日

こたえ 94 ページ

1 えと　あう　かん字《じ》を、——せんで　つなぎましょう。

① ② ③ ④ ⑤

竹　田　川　木　日

2 □に　あう　かん字を　かきましょう。

① ② ③ ④ ⑤

3 □に あう、からだの かん字《じ》を かきましょう。

① ② ③ ④ ⑤

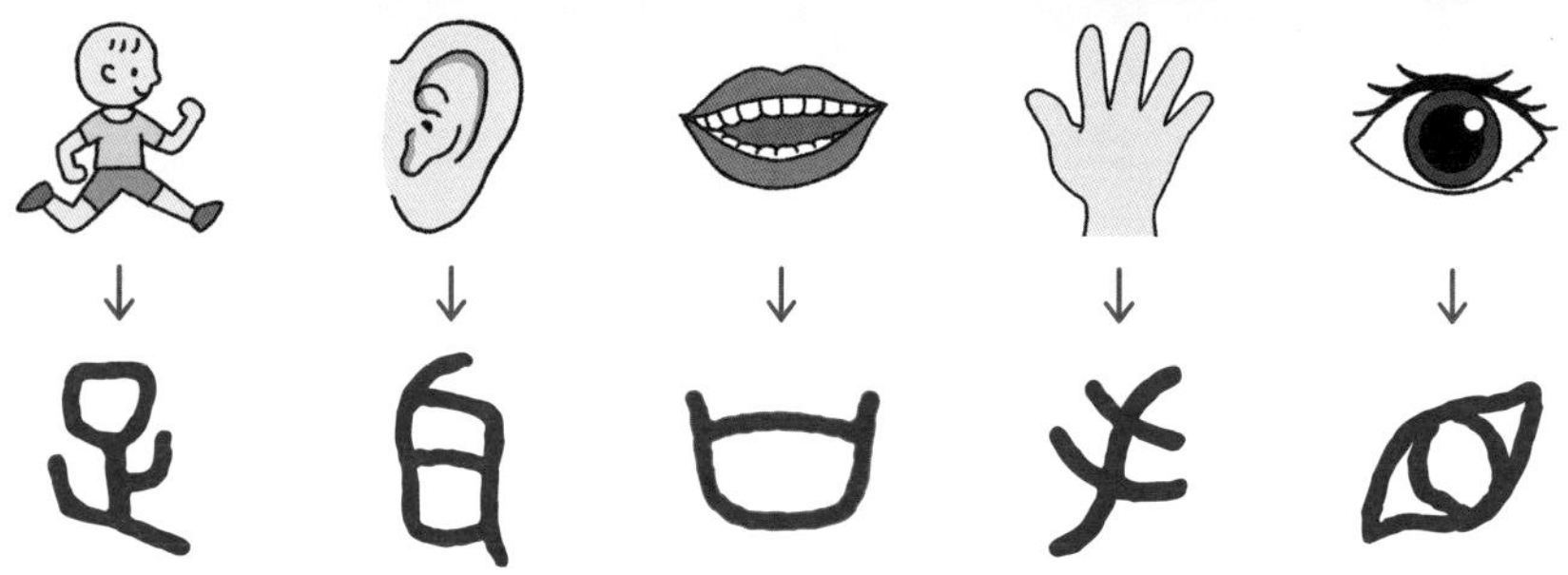

4 □に あう かん字を かき、あとの せつめいから、あう ほうを えらんで、（　）に きごうを かきましょう。

① ②

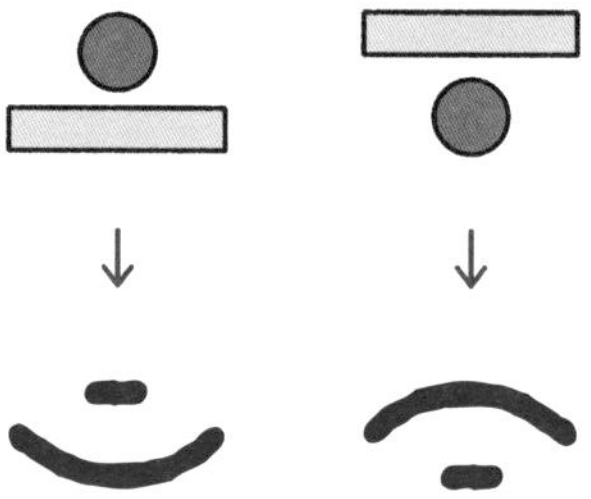

①（　）

②（　）

ア 「うえ」に ものが ある ことを しめす しるしから できた。

イ 「した」に ものが ある ことを しめす しるしから できた。

ドラゴンの ひみつ

カイシンが たたかうと、あたりは あらしに なり、大雨《おおあめ》が ふる。

こたえあわせを したら ㉘の シールを はろう！

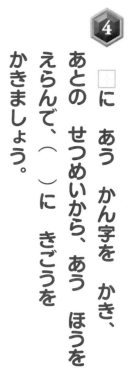

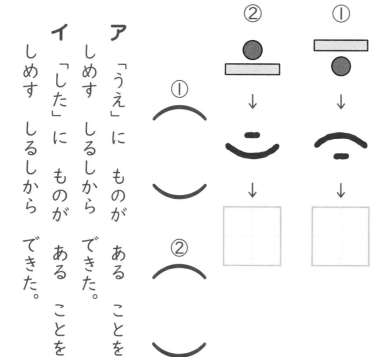

29 かん字《じ》の　よみかた・かきかた

月　日

こたえ 94ページ

1 ▮せんの　かん字《じ》の　よみがなを　かきましょう。

①
大《おお》きな　車（　）に　のる。
じどう　車（　）が　はしる。

②
きょうしつに　入（　）る。
本《ほん》だなに　入（　）れる。

2 ▮せんの　よう日《び》の　よみかたを　かきましょう。

月（　）よう日
↓
火（　）よう日
↓
水（　）よう日
↓
木（　）よう日
↓
金（　）よう日
↓
土（　）よう日
↓
日（　）よう日

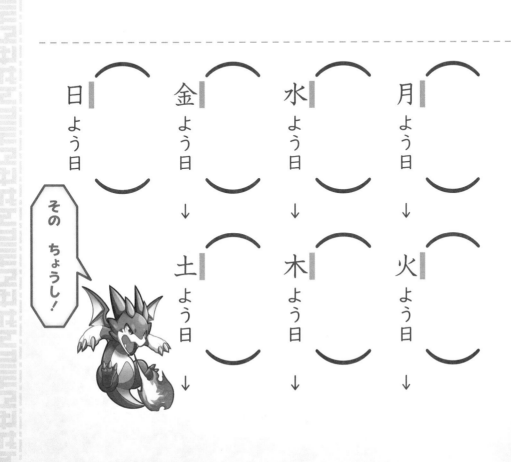

3 えの　ものは、いくつ　ありますか。かずの　かん字《じ》を　□に　かきましょう。

①  パンが □ つ。

② 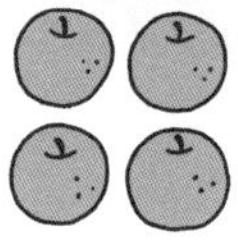 なしが □ こ。

③  ペンが □ 本《ほん》。

④  本《ほん》が □ さつ。

⑤  あめが □ こ。

---

4 □に　なかまの　かん字《じ》を　かきましょう。

【生《い》きもの】

① □（いぬ）・□（むし）・□（かい）

【いろ】

② □（あか）・□（あお）・□（しろ）

【ほうこう】

③ □（うえ）・□（した）

④ □（みぎ）・□（ひだり）

ドラゴンのひみつ

カイシンが　ひっさつわざを　はなつ　とき、つのが　まぶしく　ひかる。

こたえあわせを　したら　㉙の　シールを　はろう！

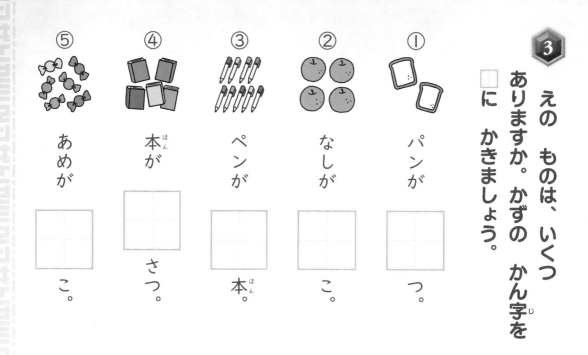

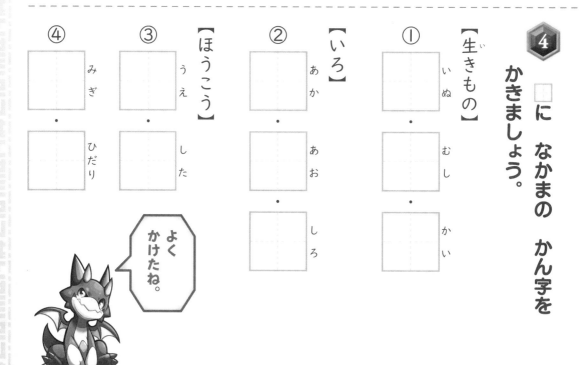

30 まちがえやすい　かん字《じ》

1 文《ぶん》に　あう　ほうの　かん字《じ》を　○で　かこみましょう。

① 〔王　玉〕さまの　〔王　玉〕のり。

② 〔石　右〕手《て》に　〔石　右〕を　もつ。

③ 〔大　犬〕きな　〔大　犬〕が　いる。

④ 〔休　林〕の　中《なか》で　〔休　林〕む。

⑤ 〔白　百〕円《えん》で　〔白　百〕い　くつ下《した》を　かう。

---

2 かたちの　にた　かん字に　気《き》を　つけて、□に　かん字を　かきましょう。

① 三《さん》□《にん》で　プールに　□《はい》って　あそぶ。

② はまべで、きれいな　□《かい》がらを　□《み》つける。

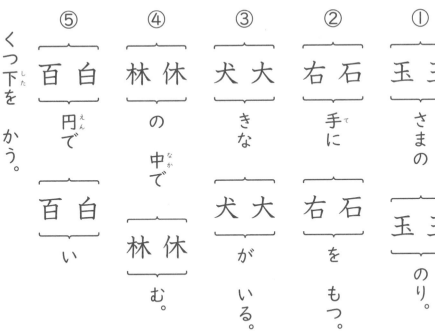

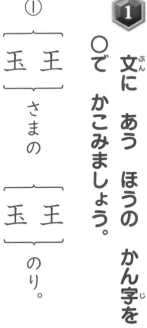

3 せんの　かん字《じ》を　正《ただ》しい
かん字《じ》に　なおして、□に
かきましょう。

① わたしは、小字《しょうがく》一年生《いちねんせい》だ。

② お目《ひ》さまの　ひかりが
まぶしい。

③ 本《もく》ようびは、あさから
雨《あめ》だった。

④ ぶたいの　土《うえ》で
ピアノを　ひく。

4 かたちの　にた　かん字に
気《き》を　つけて、せんを
かん字で　かきましょう。

おじいさんは、あさ
①はやくと　②ゆうがたに、
にわの　③くさむしりを
して　います。ある　ひ、
「この　花《はな》の　④なまえは
なんだっけ。」
と、手《て》を　とめました。

① ② ③ ④

ドラゴンのひみつ
カイシンが　ひたいの　つのから　うつ
ビームは、どんなに　とおい　てきにも　とどく。

こたえあわせを
したら　㉚の
シールを　はろう！

31 ものがたりの　よみとり①

月　　日

こたえ 95ページ

とんびの　ゆうびんやさんは、まい日《にち》、手《て》がみや　にもつを　はこぶ　しごとを　して　います。

きょうは、森《もり》を　二《ふた》つ　こえて、山《やま》の　上《うえ》に　すむ　たぬきの　ところに、りすからの　小《こ》づつみを　とどけに　いきます。

とんびが　「ピーヒョロロ」と　なくと、たぬきは　すぐに　あなから　出《で》て　きました。

りすからの　小づつみを　あけると、中《なか》には　とれたての　木《き》の　みが　どっさり　入《はい》って　いました。たぬきは　□。とても　よろこびました。

1 **とんびは、なにを　はこぶ　しごとを　して　いますか。**

・（　　　）や（　　　）。

2 **たぬきに　どんな　にもつを　とどけましたか。**

・（　　　）からの、とれたての（　　　）が　どっさり　入った　小づつみ。

3 **□に　あてはまる　ことばに、○を　つけましょう。**

（　）がっかり

（　）にっこり

（　）うっかり

4 □に あてはまる かん字《じ》を かきましょう。

① □《ちい》さな □《むら》と □《おお》きな □《まち》。

② □《あお》く はれた □《そら》に □《しろ》い くもが うかぶ。

5 つぎの文《ぶん》の（　）に あう ことばを、□から えらんで かきましょう。

① くつの ひもを（　　　）むすぶ。

② とれたての やさいを（　　　）もらう。

③ あたりが（　　　）くらく なる。

どっさり　すっかり　しっかり

ドラゴンのひみつ　カイシンの からだに しめつけられた てきは、ぜったいに にげられない。

こたえあわせを したら ㉛の シールを はろう！

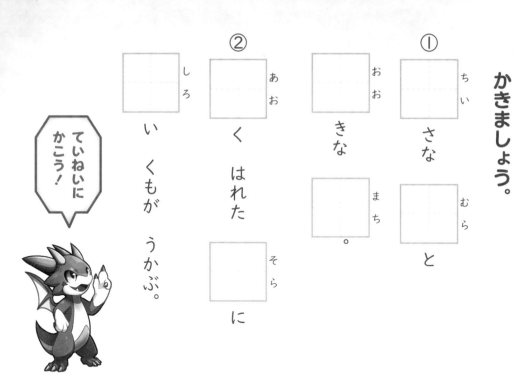

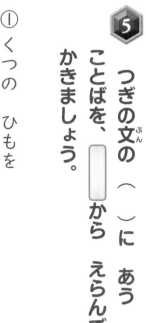

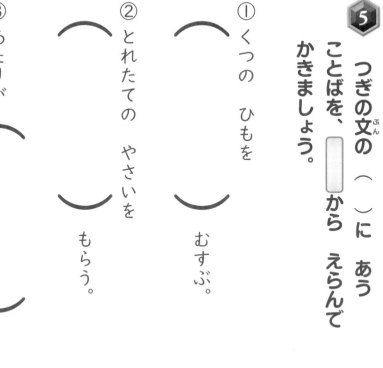

32　ものがたりの　よみとり②

月　日

こたえ　95ページ

日《にち》よう日《び》、休《やす》みの　日《ひ》には　あさねぼうの　おとうさんが、めずらしく　早《はや》く　おきて　きました。

「きょうは、いい　天気《てんき》だから、車《くるま》を　あらおうかな。」

「ぼくも　手《て》つだうよ。」

リビングで　ゲームを　して　いた　ゆうまは、いいました。

よく　はれた　にわで、おとうさんが、ホースで　車に　水《みず》を　かけました。ゆうまは　スポンジで　車を　ていねいに　こすりました。

「ありがとう、きれいに　なったよ。」

ぴかぴかの　車を　見《み》て、ゆうまも　うれしく　なりました。

1　**おとうさんが　早おきしたのは、なにを　する　ためですか。**

・（　　　　）ため。

2　**㋐おとうさん、㋑ゆうまは、それぞれ、なにを　しましたか。**

㋐　ホースで　車に　水を（　　　　）。

㋑　スポンジで　車を（　　　　）。

3　**車が　きれいに　なって、ゆうまは　どんな　気《き》もちに　なりましたか。**

・（　　　　）気もち。

4 ─せんの ことばを、かん字《じ》と ひらがなで かきましょう。

① ただしい しせいで たつ。
（　　　）

② いすに すわって やすむ。
（　　　）

③ きょうしつに はいる。
（　　　）

④ よていを たてる。
（　　　）

5 つぎの 文《ぶん》に あう ほうの ことばに、○を つけましょう。

① しあいの 本《ほん》ばんまえに
（　）どきどき
（　）かさかさ
する。

② プレゼントを もらって
（　）めそめそ
（　）にこにこ
する。

③ つかれて しまって、
（　）むかむか
（　）とぼとぼ
あるく。

④ おいしい ごちそうを
（　）むしゃむしゃ
（　）しょぼしょぼ
たべる。

ドラゴンの ひみつ

カイシンが　おこると、あたり 一《いち》めんに　かみなりが　おちる。

こたえあわせを したら ㉜の シールを はろう！

33 せつめい文《ぶん》の　よみとり①

月　日

こたえ 95ページ

わにの　なかまは、じょうぶな　あごと　たくさんの　するどい　はを　もって　います。たとえば　ナイルワニの　ばあい、はの　かずは　七十本《ななじっぽん》くらいです。その　はを　つかって、川《かわ》に　ちかづいた　大《おお》きな　えものを　水《みず》の　中《なか》から　おそう　ことも　あります。

　みなさんは、わにの　はの　ひみつを　しって　いますか。それは、もし　ぬけたり　おれたり　しても、なんどでも　はえかわると　いう　ことです。はが　なくなって、えものに　かみつけなくなる　ことは　ないのです。

1 **わにの　なかまが　もって　いる　ものは、なんですか。**

- じょうぶな（　　　　）と　するどい（　　　　）。

2 **ナイルワニの　はは、なん本《ぼん》くらい　ありますか。**

- （　　　　）本くらい

3 **わにの　はの　ひみつとは、どんな　ことですか。**

- ぬけたり（　　　　）しても、なんどでも（　　　　）こと。

4 □に　あてはまる　かん字《じ》を　かきましょう。

① □《みぎ》に　いくと　□《やま》、□《ひだり》に　いくと　□《かわ》に　つく。

② □《もり》を　ぬけると、□《た》んぼが　ある。

5 つぎの　二《ふた》つの　文《ぶん》の　□に　入《はい》る　おなじ　からだの　かん字を　□から　えらんで　かきましょう。

①
・たからものを　□に　入《い》れる。
・しつもんが　あるので、□を　あげる。
（　　　）

②
・あさ　早《はや》くに　□を　さます。
・人《ひと》の　□に　つく　ところに　ポスターを　はる。
（　　　）

口《くち》　目《め》　耳《みみ》　手《て》　足《あし》

ドラゴンのひみつ
カイシンは、かみなりを　おとして、おおぜいの　てきを　いちどに　たおす。

こたえあわせを　したら　㉝の　シールを　はろう！

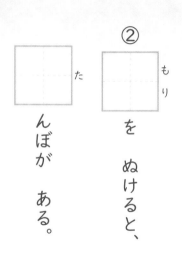

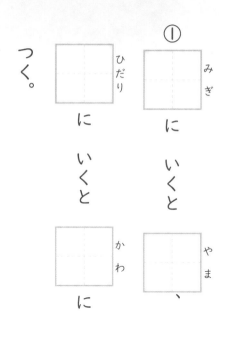

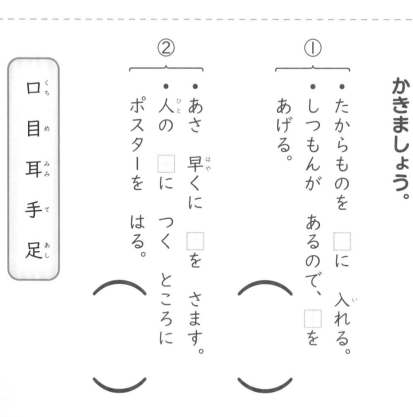

34 せつめい文《ぶん》の　よみとり②

月　日

こたえ 95ページ

きばを　もつ　どうぶつには、ぞうや　かば、セイウチなどが　います。これらの　うち、どの　どうぶつの　きばが　いちばん　ながいでしょうか。

それは、アフリカゾウの　きばです。なんと　人《にん》げんの　子《こ》ども　三人《さんにん》ぶんくらいの　ながさが　あります。アフリカゾウは、このきばを、てきと　たたかう　ぶきとして　つかったり、じめんを　ほる　ときに　つかったり　します。しかし、きばの　いちばんの　やくめは、むれの　リーダーで　ある　ことを　あらわす　しるしです。

1 きばを　もつ　どうぶつを、三《みっ》つ　かき出《だ》しましょう。

（　　　）・（　　　）・（　　　）

2 アフリカゾウの　きばは、どのくらいの　ながさですか。

（　　　）の　子ども（　　　）くらい。

3 アフリカゾウの　きばの　やくめは、いくつ　出《で》て　きますか。かん字《じ》の　すう字で　こたえましょう。

□つ

4 つぎの ＿＿せんの ことばを、かん字《じ》と ひらがなで かきましょう。

① とおくまで よく みえる。 （　　　　）

② あかい りんごを たべる。 （　　　　）

③ せんの うちがわまで さがる。 （　　　　）

④ まるい さらに もりつける。 （　　　　）

---

5 つぎの 文《ぶん》の （　）に あう ことばを、［　］から えらんで かきましょう。

① とりが 空《そら》を （　　　　）。

② うまが 草《そう》げんを （　　　　）。

③ くじらが うみの 中《なか》を （　　　　）。

［ はしる　とぶ　およぐ ］

ドラゴンの ひみつ
カイシンは、ふしぎな 力《ちから》で 空中《くうちゅう》に ういて たたかう。

こたえあわせを したら ㉞の シールを はろう！

35 しの　よみとり

月　　日

こたえ 96ページ

おれは　かまきり
　かまきり　りゅうじ

おう　なつだぜ
おれは　げんきだぜ
あまり　ちかよるな
おれの　こころも　かまも
どきどきするほど
ひかってるぜ

おう　あついぜ
おれは　がんばるぜ
もえる　ひを　あびて
かまを　ふりかざす　すがた
わくわくするほど
きまってるぜ

（工藤直子《くどうなおこ》「のはらうたⅠ」〈童話屋〉より）

1 しの　中《なか》の　「おれ」とは、だれの　ことですか。

（　　　　）

2 「おう　なつだぜ」の　ほかに、なつだと　わかる　二《に》ぎょうを　かき出《だ》しましょう。

（　　　　）
（　　　　）

3 「きまってるぜ」と　ありますが、なにが　きまって　いるのですか。

（　　　　）

4 □に あてはまる かん字《じ》を かきましょう。

① □□《がっこう》へ いく。

② □□《めだま》やきを たべる。

③ □□□《はっぴゃくえん》の 本《ほん》。

④ □□□《にねんせい》に なる。

---

5 つぎの（　）に あう 気《き》もちを あらわす ことばを、□から えらんで かきましょう。

① ゆうえんちに いくのが たのしみで、（　　　）する。

② おとうとの いたずらに（　　　）おこる。

③ うまく いかなくて（　　　）する。

ぷんぷん　わくわく　いらいら

ドラゴンのひみつ
カイシンは かみなりを まとって とびまわり、てきを かんでんさせる。

こたえあわせを したら ㉟の シールを はろう！

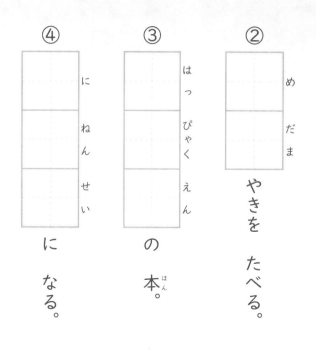

36 さく文《ぶん》の　かきかた

月　日

こたえ 96ページ

1

つぎの　さく文《ぶん》の□には、まる（。）や　てん（、）や　かぎ（「　」）が　ぬけて　います。正《ただ》しく　かき入《い》れましょう。

　わたしは□日《にち》よ
う日《び》に□おばあち
ゃんと□人《にん》気《き》のカ
フェにパンケーキ
をたべにいきまし
た□二人《ふたり》で□
□おいしいね□
といって□たべま
した□

2

つぎの　文を、げんこうようしに　かいて　みましょう。

「先生《せんせい》、おはようございます。」と、わたしはげん気《き》にあいさつしました。

一ます あける。

一ます あける。

3 かい水《すい》よくの ようすが わかるように、（　）に あてはまる ことばを、▭から えらんで、かきましょう。

わたしは、（①いつ　　　　）に（②だれ　　　　）と かい水よくに いきました。（③いつ　　　　）に、うみの いえで、（④なに　　　　）を たべました。

おひる　かぞく
なつ休《やす》み　やきそば

---

4 つぎの 文《ぶん》の ━せんの ふつうの いいかたを、ていねいな いいかたに かきかえましょう。

【れい】わたしは 一年生《いちねんせい》だ。
↓一年生《いちねんせい》です。

① おとうとは 四《よん》さいだ。
（　　　　）

② れつの うしろに ならぶ。
（　　　　）

③ としょかんに いった。
（　　　　）

ドラゴンのひみつ
カイシンと グレンオウは、かつて たたかった ことが あると いわれて いる。

こたえあわせを したら ㊱の シールを はろう！

こたえとアドバイス

おうちの方へ

間違えた問題は，見直しをして
しっかり理解させましょう。

さんすう

1 10までの かず，なんばんめ

13 ページ

1 ①1　②3　③2　④4
⑤5　⑥7　⑦6　⑧9
⑨8　⑩10　⑪0

2 ①

②

3 ①3　②6　③10　④8

4 ①6に○　②9に○

5 ①5ばんめ　②下の図

アドバイス **1** 数字は，筆順や形に注意して，ていねいに書かせましょう。

2 数を表す「3匹」と，順序を表す「3匹め」のちがいに気づかせましょう。

5 「左から」「右から」など，基点を表す言葉に注意させましょう。

2 いくつと いくつ

15 ページ

1 ①あ5　い4　う3　え2
②あ6　い5　う4　え3
③あ8　い7　う6　え4
④あ9　い7　う5　え2

2

3 ①1　②3　③6　④8

アドバイス 10までのそれぞれの数について，例えば「6は1と5」という分解の見方と，「1と5で6」という合成の見方の両方の見方で数をとらえられることが大切です。

3 あわせて いくつ，ふえると いくつ

17 ページ

1 ①3+1=4　②4+2=6

2 ①5　②6　③7　④8
⑤10　⑥3

3 ①4　②6　③8　④7
⑤9　⑥8　⑦10　⑧10
⑨7　⑩9

4 （しき）2+3=5

こたえ　5こ

5 （しき）5+2=7

こたえ　7本

アドバイス **1** ①は「あわせていくつ」，②は「ふえるといくつ」という場面です。これらのたし算が使われる場面と式の表し方を，よく理解させましょう。

4 のこりは　いくつ，ちがいは　いくつ　19 ページ

1 ①3−1=2　②5−2=3

2 ①1　②2　③5　④3
⑤2　⑥0

3 ①2　②8　③3　④1
⑤5　⑥4　⑦2　⑧8
⑨9　⑩0

4 （しき）8−5=3
こたえ　3わ

5 （しき）10−4=6
こたえ　6本

アドバイス **1**①は「のこりは　いくつ」，②は「ちがいは　いくつ」という場面です。これらのひき算が使われる場面と式の表し方を，よく理解させましょう。②は，「赤い葉は緑の葉より何枚多い？」と発問しても同じです。「数のちがい」という言葉の意味をしっかりとらえることが大切です。

2⑤，⑥は0のひき算です。⑥は，5から5を取ると，1つも残らないので0と考えます。

5 かずの　せいり　21 ページ

1 ①右の図
②トマト

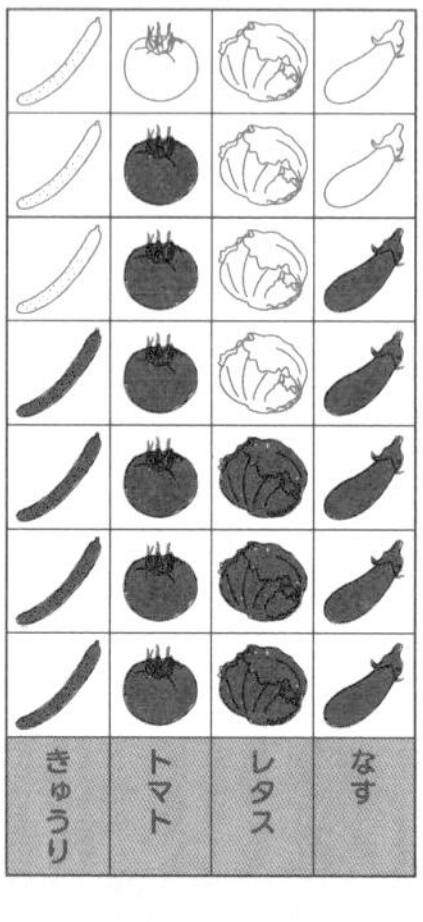

2 ①みかん
②メロン
③7本
④もも
⑤りんごと
バナナ

アドバイス 表やグラフの統計学習の基礎となる絵グラフの学習です。ものの数を種類や観点ごとに絵などを使って分類整理することにより，数の多少が比べやすくなることを理解させます。

1①で野菜の数を数えるときは，落ちや重なりがないよう野菜に印をつけながら数えたり，色をぬるときは，どこまでぬるのかグラフに印をつけてからぬったりなど，工夫して作業することが大切です。

6 20までの　かず　23 ページ

1 ①12　②13　③15　④17
⑤20

2 ①11　②4　③16　④5
⑤18　⑥10

3 ①13　②17　③20

4 ①あ11　い15　う19
②14　③16　④18，17

5 ①11に○　②18に○

アドバイス 20までの数の数え方や読み方，書き方，数の構成などの学習です。「10といくつ」というとらえ方で理解することが大切です。

3③は，10個まで数えたら◯で囲ませるとよいでしょう。

4②～④と**5**は，**4**の①の数の線（数直線）を使って考えさせてもよいです。また，**4**の④は，まず，いくつずつ小さく（大きく）なっているか，続いている2つの数から考えさせましょう。

7 20までの かずの けいさん　25 ページ

1 ①12　②15　③15　④16
⑤17　⑥18

2 ①10　②12　③10　④12
⑤10　⑥14

3 ①11　②18　③14　④20
⑤14　⑥18　⑦17　⑧19

4 ①10　②10　③10　④10
⑤14　⑥13　⑦11　⑧12
⑨15　⑩16

アドバイス　20までの数の構成(10といくつ)をもとにした計算です。

1 ①のような10にたす計算は，「10といくつ」と考えて求めます。
　②のような計算は，ばら(端数)だけ計算し，「10といくつ」で求めます。

2 ①のような，ばらが同じ数のひき算は，次のように考えます。
❶ 13は10と3。
❷ 13から3を取ると，残りは10。
　②のような計算は，ばらだけ計算し，「10といくつ」で求めます。

3 ④は，「10と10で20」です。

8 3つの かずの けいさん　27 ページ

1 6+2−3=5

2 ①9　②13　③3　④6
⑤5　⑥8　⑦3　⑧7

3 ①7　②10　③15　④3
⑤3　⑥8　⑦9　⑧1
⑨3　⑩7

4 (え)に○

アドバイス　1年生の3つの数の計算は，前から順に計算していきます。

2 ①3+2+4=5+4=9
③9−4−2=5−2=3
　はじめの2つの数の計算の答えを式の近くに書かせ，残りの数との計算をさせるとよいです。

　3つの数の計算では，②，④のように，25ページで学習した「20までの数の計算」を含むものもあります。注意して計算させましょう。
②5+5+3=10+3=13
④12−2−4=10−4=6

9 大きさくらべ　29 ページ

1 (う)

2 ①(い)　②(あ)

3 (い)

4 ①(い)，(あ)，(う)　②2つぶん

5 (い)

6 (う)

アドバイス　長さや水などのかさ，広さ(面積)の比べ方を理解し，大小や多少を比べられるようにします。

2 水のかさの比べ方をしっかり読み取ることが大切です。

4～**6** ある決まった量を単位として，そのいくつ分あるか，数えて比べます。数に表せば，**4**の②のように，「どれだけちがうか」も表すことができます。**6**のます目の数は，(あ)が6個，(い)が8個，(う)が9個です。

10 くり上がりの　ある　たしざん

31ページ

1 ❶1　❷2，12

2 ①15　②13　③11　④14
⑤12

3 ①13　②11　③12　④11
⑤13　⑥13　⑦15　⑧17

4 (い)，(か)に○

5 （しき）8+7=15
こたえ　15本

アドバイス くり上がりのあるたし算は，まず10をつくり，「10といくつで10いくつ」と計算する方法が基本です。

2 ④，⑤のように，たす数のほうが10に近い場合は，たす数のほうで10をつくって計算してもよいです。

④　5+9　❶9に1をたして10。
　4　1　❷10と残りの4で14。

お子さんの考えやすいほうで計算させましょう。

11 くり下がりの　ある　ひきざん

33ページ

1 ❶9　❷3，4

2 ①3　②5　③7　④6
⑤9

3 ①3　②4　③6　④9
⑤5　⑥9　⑦8　⑧7

4 (う)，(お)に○

5 （しき）12−4=8
こたえ　りんごが　8こ　おおい。

アドバイス くり下がりのあるひき算は，ひかれる数を「10といくつ」に分けた10からひき，残りの数をたして計算する方法が基本です。

2 ⑤のように，ひかれる数の一の位の数とひく数が近い場合は，ひく数を分けて，次のように計算してもよいです。

⑤12−3　❶12から2をひいて
　2　1　　10。
　　　　❷10から1をひいて9。

5 「どちらが」と「何個多い」の両方を答えることに注意させましょう。

12 大きな　かず

35ページ

1 ①35　②3，5　③54

2 ①100　②102

3 ①48　②60　③74
④5，6　⑤89

4 ①(あ)82　(い)94　(う)106
②60，100

5 ①76に○　②98に○

アドバイス **1** 100までの数は，10のまとまりの数(十の位)とばらの数(一の位)でとらえ，読んだり数字で表したりできることが大切です。

2 ②の100より大きい数は，100と1けたや2けたの数を合わせた数という見方で，読み方と数字の表し方をとらえさせましょう。

4 ①は，まず1目盛りの大きさを，②は，まずいくつずつ大きく(小さく)なっているかを読み取ることが大切です。

13 大きな かずの けいさん 37 ページ

1 ①50 ②20 ③70 ④50
⑤100 ⑥10

2 ①25 ②24 ③35 ④40
⑤67 ⑥52

3 ①60 ②70 ③90 ④100
⑤50 ⑥30 ⑦20 ⑧70

4 ①42 ②68 ③38 ④56
⑤89 ⑥20 ⑦40 ⑧74
⑨63 ⑩96

アドバイス **1** 10を1つのまとまり(単位)と考えて計算します。
⑤10のまとまりが，5+5=10
10のまとまりが10個で，100
⑥10のまとまりが，10−9=1
10のまとまりが1個で，10

2 25ページの「20までの数の計算」と同じように，ばら(端数)だけ計算し，「何十と何で何十何」という数の構成をもとにして求めます。

14 とけい，かたち 39 ページ

1 ①8じ17ふん ②5じ
③10じ25ふん ④4じ47ふん

2

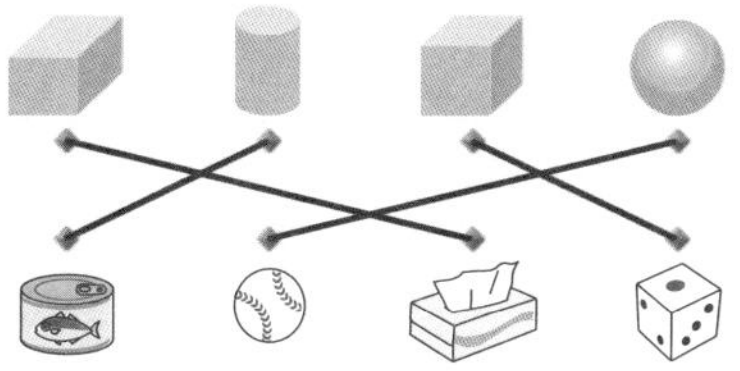

3

①

②

③

④

4 ①6まい ②8まい ③9まい

アドバイス **1**「何時」は短針がさす文字盤の数字をもとに，「何分」は長針がさす小さい目盛りで読むことを理解させましょう。

4 ㋐の三角の形ができるように，それぞれの形の中に線をひいてから数えさせるとよいです。

15 いろいろな 文しょうだい 41 ページ

1 （しき）8+3=11
こたえ 11人

2 （しき）13−9=4
こたえ 4本

3 （しき）9+5=14
こたえ 14本

4 （しき）15−6=9
こたえ 9人

5 （しき）7+5=12
こたえ 12こ

6 （しき）12−4=8
こたえ 8こ

アドバイス **1**，**4** 順序数を含む問題で，「前から○番め」を「前から何人」と考えることがポイントです。

2，**5** 異種の数を含む問題で，これを同種の数に置き換えて考えることがポイントです。

3，**6** 2つの数のうち，一方の数と差から，他方の数を求める問題です。

どの問題も，図に表して求め方を考えることが大切です。

せいかつ

16 学校を　たんけんしよう　43 ページ

1 ① 音がくしつ
② ほけんしつ
③ しょくいんしつ

2 省略

3 イ

4 ①○　②○　③×
④×　⑤○

アドバイス **2** クラスの教室の他，学校図書館や理科室，図工室など，学校にはたくさんの部屋があります。答えた部屋はどんなときに使うのか，どんなものがあったかなど，お子さんに質問してみてください。

3 校内を走って移動したり，立ち入り禁止の場所に入ったりするのは危険です。

17 花を　そだてよう　45 ページ

1

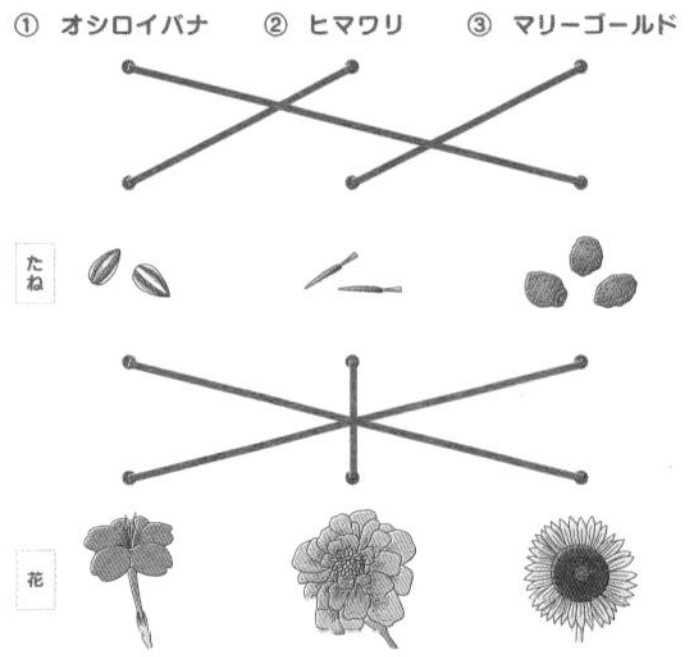

2 ①×　②○
③×　④○

3 ア

アドバイス **1** ① オシロイバナは，種の胚乳がおしろいの粉に似ていることから名前がつけられました。

② ヒマワリは，背丈が30cmぐらいのものから3mを超えるものまで様々な種類があります。

③ マリーゴールドの種は細長い形をしています。黄色やだいだい色の花をたくさん咲かせます。

2 ① 種をまいたあとは，上からふんわりと土をかぶせ，軽くならしておきます。土を固めてしまうと，芽が出にくくなります。

③ 葉がたくさん出てきたら，丈夫なものを残して間引きをしておきます。間引きをするのは，生育をよくするためです。

3 子葉（双葉）が開いてからしばらくすると，本葉が出てきます。

18 あんぜんに　あそぼう　47 ページ

1 ① だれかに　つたえる
② ちかづかない
③ かならず　まもる
④ 水とう

2 ア，ウ

3 ①ア　②ア

アドバイス **1** ② 知らない人に誘われたら「大声を出す」「逃げる」「大人に知らせる」ことが大切です。近づいたり車に乗ったりしないように，しっかり約束しましょう。

④ 暑い日には帽子をかぶり，こま

めに水分補給をするように促しましょう。日の当たらない涼しいところで休憩する時間も必要です。

2 歩道のない道路では，縦1列になって端を歩きます。特に狭い道路では，道幅いっぱいに広がって車などの通り道をふさがないように注意しましょう。横断歩道では，信号が青になっても，車などが来ていないことを自分の目で確認してから渡りましょう。

3 遊具などみんなで使うものは，順番を守り，譲り合って遊ぶことが大切です。

19 たねとりを しよう，生きものと なかよくしよう　49 ページ

1 ウ

2 ① オオカマキリ
② アゲハ
③ ミツバチ
④ カタツムリ
⑤ ダンゴムシ
⑥ カブトムシ

3 ① ○　② ×
③ ×　④ ○

4 例　サクラ，イチョウ　など

アドバイス 1 アサガオの花が咲いたあとに実ができ，実からいくつかの種がとれます。

3 ② 生きものによって，食べるものは違います。

③ 生きものには命があることを意識させましょう。飼育ケースの中が汚れていたり，新鮮な餌がなかったりすると，その生きものはどうなるのかを想像させてみましょう。

4 葉の色が変わる植物は他に，カエデ，ユリノキ，カキ，ナナカマドなどたくさんあります。

20 じぶんで できる こと　51 ページ

1 2 省略

アドバイス 1 興味のあることや簡単なことから手伝いをさせてみましょう。「上手にできたね」「手伝ってくれると助かるよ」などといった声がけが継続につながります。

2 規則正しい生活をしたり，体を清潔に保ったりすることは，子どもの成長や健康のためにとても重要です。毎日の習慣として続けられるように促しましょう。

21 もうすぐ 2年生　53 ページ

1 2 省略

アドバイス 1 1年間を振り返り，自分の成長を確かめさせ，できるようになったことがあれば褒めてあげましょう。次の目標について，考える時間をもつのもよいでしょう。

こくご

22 ひらがなの　ことば①　55ページ

1 ①め　②やま　③いぬ　④さかな　⑤ひまわり

2 ①かぎ　②とんぼ　③ざりがに　④めがね　⑤えんぴつ

3 ①すうじ　②こおり　③とけい　④おかあさん　⑤おねえさん

4 ①ちょう　②きゅうり　③でんしゃ　④しっぽ　⑤しょうゆ

アドバイス

2 「゛《てんてん》」や「゜《まる》」は、文字の右上に書きます。

3 ①「すう」、②「こお」、③「けい」、④「かあ」、⑤「ねえ」とのばす音を書き表します。

4 小さい「ゃ・ゅ・ょ・っ」は、ます目の右上に書きます。

23 ひらがなの　ことば②　57ページ

1 ①ぬりえ　②はっぱ　③まくら　④くるま　⑤もみじ

2 ①ねずみ　②すいか　③とびばこ　④じてんしゃ

3 ①かき　②ぶた　③さる　④ねこ　⑤びょういん

4 ①っ　②ゃ　③ょ・ゅ　④ゅ・ゃ

アドバイス

1 ①「め」と「ぬ」、②「つ」と「っ」、③「ま」と「よ」、④「く」と「へ」、⑤「し」と「も」の違いに注目します。

2 ①「れ」と「ね」、②「む」と「す」、③「ぼ」と「ば」、④「や」と「ゃ」の書き間違いに注意しましょう。

24 かたかなの　ことば　59ページ

1 ①ドア　②トマト　③タオル　④ライオン　⑤クレープ

2 ①バケツ　②マスク　③ヨット　④ズボン　⑤クリスマス

3 ①テレビ　②コアラ　③シーソー　④ワッフル

4 ①プール　②ロケット　③チーター　④ステーキ

アドバイス

2 ①「シ」と「ツ」、②「ア」と「マ」、③「ヨ」と「ヲ」、④「ズ」と「ヌ」、⑤「リ」と「ソ」の違いに注目します。

3 ①「チ」と「テ」、②「マ」と「ア」、「フ」と「ラ」、③「ツ」と「シ」、④「ク」と「ワ」の書き間違いに注意しましょう。

4 ①「ぷう」、③「ちい」、④「てえ」の部分がのばす音です。

25 なかまの ことば 61ページ

1
① ② ③

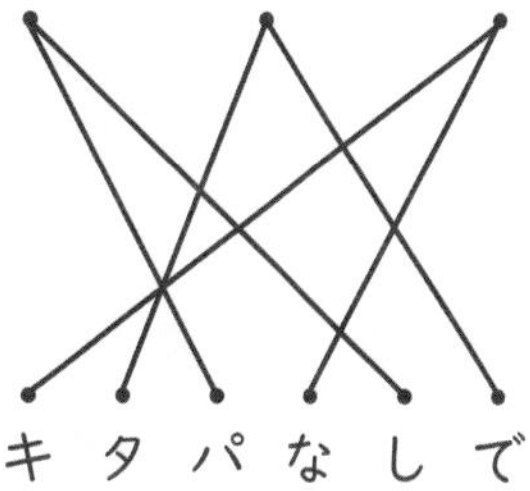

でん車
しまうま
なす
パンダ
タクシー
キャベツ

2 ①文ぼうぐ ②こん虫
③がっき

3 ①さかな ②とり
③はな

4 ①スプーン・ちゃわん
②スニーカー・ながぐつ（各順不同）

アドバイス 1 ①は野菜、②は乗り物、③は動物の仲間の言葉です。
2 ①「文房具」は「文具」、②「昆虫」は「虫」などとも言います。

26 だれ（なに）が どう する 63ページ

1
① ② ③ ④

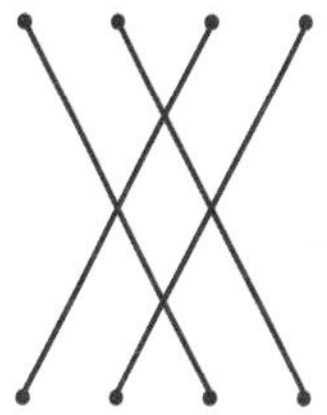

ねむる。
たべる。
およぐ。
はしる。

2 ①ヨット ②かもめ
③いるか

3 ①きる ②やく
③すわる

4 ①たぬき・手・あらう
②うさぎ・草・たべる

アドバイス 3 ①切っているのは野菜、②焼いているのは肉、③座っているのはダイニングテーブルの椅子です。
4 「だれ（なに）がどうする」の文に「何を」を入れると、さらにくわしい文になることに注目しましょう。

27 「は」「を」「へ」の つかいかた／正しい 文を つくる 65ページ

1 ①へ ②を
③は ④へ
⑤を

2 ①わ・は・お・を
②お・へ・え・を

3 ①は・を ②は・を

4 ①わたしは、|こうえんへ|いく。
②ボールを|とおくへ|なげる。
③バスは|えきまえへ|むかう。

アドバイス 1〜4 言葉の後に付く助詞は「は・を・へ」と書き、「ワ・オ・エ」と発音することをおさえましょう。
3 ①「ライオンは」、②「しまうまは」は「だれ（何）が」に当たる主語です。①「しまうまを」、②「草げんを」は「何を」「どこを」に当たる修飾語（くわしくする言葉）です。

28 かん字の なりたち

67ページ

1

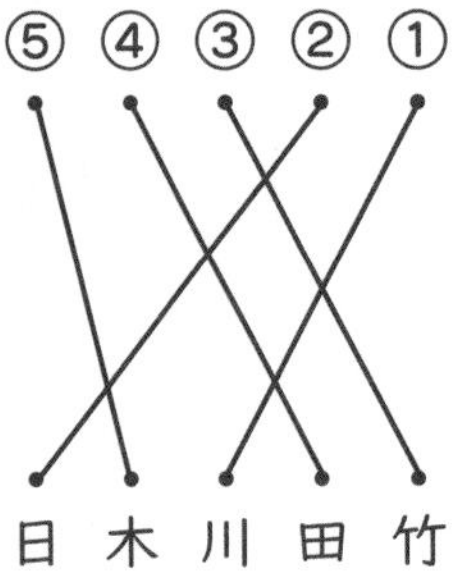

2 ①火　②山　③月　④雨　⑤水

3 ①目　②手　③口　④耳　⑤足

4 ①下・イ　②上・ア

アドバイス **1**～**3**は物の形をかたどってできた文字（象形《しょうけい》文字）、**4**は点や線などの記号で表した文字（指事《しじ》文字）です。

29 かん字の よみかた・かきかた

69ページ

1 ①くるま・しゃ　②はい・い

2 げつ・か・すい・もく・きん・ど・にち

3 ①二　②四　③九　④五　⑤六

4 ①犬・虫・貝　②赤・青・白　③上・下　④右・左

アドバイス 一年生で習う漢字は、**1**複数の読み方がある漢字、**2**曜日の漢字、**3**数を表す漢字、**4**なかまの漢字など、ジャンルごとにまとめて覚えましょう。

3 ①「ふたつ」、②「よんこ」、③「きゅうほん」、④「ごさつ」、⑤「ろっこ」の読み方もおさえておきましょう。

30 まちがえやすい かん字

71ページ

1 ①王・玉　②右・石　③大・犬　④林・休　⑤百・白

2 ①人・入　②貝・見

3 ①学　②日　③木　④上

4 ①早　②夕　③草　④名

アドバイス **1**～**4**形の似た漢字を正しく区別できるようにします。

3 ①「字」と「学」、②「目」と「日」、③「本」と「木」、④「土」と「上」をきちんと見分けられるようにしましょう。

4 ①「早」と③「草」、②「夕」と④「名」は、字形がよく似ているので、違う部分を意識して正しく書き分けましょう。

31 ものがたりの　よみとり①　73ページ

1 手がみ・にもつ（順不同）

2 りす・木のみ

3 にっこり

4 ①小・村・大・町
②青・空・白

5 ①しっかり
②どっさり
③すっかり

アドバイス

1 とんびの仕事が「郵便屋さん」であることに注目します。

4 ①「小」と「大」は反対の意味の漢字、「村」と「町」は仲間の漢字です。

5 「○っ○り」の形の言葉を正しく使い分けできるようにしましょう。

32 ものがたりの　よみとり②　75ページ

1 車を　あらう

2 ㋐かけた（かけました）
㋑こすった（こすりました）

3 うれしい

4 ①正しい
②休む
③入る
④立てる

5 ①どきどき
②にこにこ
③とぼとぼ
④むしゃむしゃ

アドバイス

1 「車を　あらおうかな」というお父さんの言葉に注目しましょう。

3 最後の一文に気持ちを表す言葉があることをおさえましょう。

5 様子を表す言葉を正しく使えるようになりましょう。

33 せつめい文の　よみとり①　77ページ

1 あご・は（は）

2 七十

3 おれたり・はえかわる

4 ①右・山・左・川
②森・田

5 ①手　②目

アドバイス

5 体の一部を表す言葉を使った慣用句はたくさんあるので、折に触れて覚えるようにしましょう。

34 せつめい文の　よみとり②　79ページ

1 ぞう（ゾウ）・かば・セイウチ（順不同）

2 人げん・三人ぶん

3 三

4 ①見える ②赤い ③下がる ④円い

5 ①とぶ ②はしる ③およぐ

アドバイス 3 アフリカゾウのきばの役目は、敵と戦う武器として使う、地面を掘るときに使う、群れのリーダーであることを表す印とする、の三つです。

35 しの よみとり

81ページ

1 かまきり（りゅうじ）

2 おう あついぜ もえる ひを あびて（順不同）

3 かまを ふりかざす すがた

4 ①学校 ②目玉 ③八百円 ④二年生

5 ①わくわく ②ぷんぷん ③いらいら

36 さく文の かきかた

83ページ

アドバイス 3 第一連との対応に注目して読みましょう。第一連では、「こころ」と「かま」が「どきどきするほど／ひかってるぜ」と言っています。

1

　わたしは、日よ
う日に、おばあち
ゃんと、人気のカ
フェにパンケーキ
をたべにいきまし
た。二人で、
「おいしいね。」
といって、たべま
した。

2

「先生、おは
（一ます あける。）ようござい
（一ます あける。）ます。」
と、わたしは
げん気にあい
さつしました。

3 ①なつ休み ②かぞく ③おひる ④やきそば

4 ①四さいです ②ならびます ③いきました

アドバイス 2 「あいさつしました。」の「た」と丸（。）は、行の終わりに来ているので同じます目に書くことに注意しましょう。